A. Oswald Kihlman

Zur Entwickelungsgeschichte der Ascomyceten

A. Oswald Kihlman

Zur Entwickelungsgeschichte der Ascomyceten

ISBN/EAN: 9783743657618

Hergestellt in Europa, USA, Kanada, Australien, Japan

Cover: Foto ©berggeist007 / pixelio.de

Weitere Bücher finden Sie auf **www.hansebooks.com**

ZUR ENTWICKELUNGSGESCHICHTE

DER

ASCOMYCETEN.

MIT ZWEI TAFELN.

AKADEMISCHE ABHANDLUNG,

WELCHE MIT GENEHMIGUNG DER PHILOSOPHISCHEN FAKULTÄT DER KAISERL.

ALEXANDER-UNIVERSITÄT IN FINNLAND

ÖFFENTLICH VERTHEIDIGEN WIRD

OSWALD KIHLMAN

im historisch-philologischen Auditorium den 19 Mai 1883.

V.-M. 10 Uhr.

HELSINGFORS,

J. C. FRENCKELL & SOHN, 1883.

ZUR ENTWICKELUNGSGESCHICHTE

DER

ASCOMYCETEN

VON

OSWALD KIHLMAN.

MIT ZWEI TAFELN.

(Abdruck aus Acta Soc. Scient. Fenn. T. XIII.)

HELSINGFORS,
DRUCKEREI DER FINNISCHEN LITTERATUR-GESELLSCHAFT,
1883.

Die zahlreichen, in neuerer Zeit ausgeführten Untersuchungen, welche die Entwickelungsgeschichte der Ascomyceten berühren, haben ein helles Licht über diese, die formenreichste Abtheilung der Pilze, geworfen. Besonders wurde in der ersten Anlegung des Fruchtkörpers eine überraschende Mannigfaltigkeit nachgewiesen, sogar bei Formen, die in jeder anderen Hinsicht mit einander die grösste Ähnlichkeit besitzen. Das richtige Verständniss solcher einander scheinbar widersprechenden Angaben wurde erst durch die letzten Arbeiten von DE BARY ermöglicht, wie auch seine dort motivirte, durch Thatsachen belegte Auffassung der natürlichen Verwandtschaftsverhältnisse der Ascomyceten einen sicheren Grund für künftige Untersuchungen abgiebt. Wenn auch hierdurch sehr viel gewonnen ist, wird jedoch der fast unübersehbare Formenreichthum dieser Gruppe, verglichen mit der relativ geringen Anzahl und der partiellen Unvollständigkeit früherer Beobachtungen, noch lange neue Erfahrungen auf diesem Gebiete als sehr erwünscht erscheinen lassen.

In nachstehender Abhandlung werden die Resultate einiger Untersuchungen mitgetheilt, die ich im botanischen Institut zu Strassburg auszuführen Gelegenheit hatte. Es ist mir eine angenehme Pflicht, indem ich dieselben der Öffentlichkeit übergebe, an diesem Orte meinem hochverehrten Lehrer, Herrn Prof Dr. A. DE BARY, unter dessen Leitung ich meine Arbeit ausgeführt habe, meinen wärmsten Dank auszusprechen für das Wohlwollen und die anregende Unterstützung, womit er mich in das Studium der Mykologie eingeführt hat.

Melanospora parasitica Tul.

I.

Bei TULASNE's Kulturversuchen mit insektentödtenden Pilzen zeigten sich öfters auf den von *Isaria farinosa Fr. (= I. crassa Pers.)* getödteten und überwucherten Raupen einfache, mit einem langen Hals versehene Perithecien eines Pyrenomycets, der, vielleicht schon von ALBERTINI und SCHWEINIZ[1] beobachtet, jetzt von TULASNE[2] unter dem Namen *Sphæronema parasitica* als ein auf *Isaria* lebender Schmarotzer beschrieben wurde. Mehrere Jahre später wird der Pilz in seiner Carpologia abgebildet und zugleich zu CORDA's Gattung *Melanospora* gezogen.[3]

Bekanntlich war TULASNE bei seinen Untersuchungen zu Ansichten gelangt, nach welchen *Isaria farinosa* in .den Entwicklungskreis von *Cordiceps militaris Fr.* als Conidienform gehöre.[4] Es war hiernach natürlich, dass er die auf *Isaria* auftretenden, freien Perithecien nur als einen auf derselben wachsenden Parasit auffassen konnte, obgleich seine Beobachtungen nicht eingehend genug waren, um zwingende Beweise hierfür zu geben. Nachdem jedoch die Zusammengehörigkeit der *Isaria* und *Cordyceps militaris* durch DE BARY's Arbeiten[5] zum Mindesten sehr zweifelhaft geworden war, wurde statt dessen ein genetischer Zusammenhang zwischen *Isaria farinosa* und *Melanospora parasitica* nicht unwahrscheinlich. Die ausserordentliche Ähnlichkeit der von TULASNE für *Melanospora* abgebildeten Conidien mit den für *Isaria farinosa* bekannten schien eine derartige Annahme auch zu bestätigen. Wenn andererseits die *Melanospora*-Perithecien auch mit *Botrytis Bassii*, dem gewöhnlichen Muscardinepilz, beisammen bemerkt wurde, was TULASNE nicht

---

[1] ALBERTINI und SCHWEINIZ: Conspectus Fung. Agr. Nisk. p. 360.
[2] TULASNE: Note sur les Isaria et Sphæria entomogènes. Ann. d. Sc. Nat. 4:e sér. T. VIII. p. 40.
[3] TULASNE: Selecta Fungorum Carpologia III. p. 10.
[4] Ann. d. Sc. Not. 3:e sér. T. XX. p. 43. und 4:e sér. T. VIII. p. 33.
[5] DE BARY: Zur Kenntniss insektentödtender Pilze Bot. Ztg. 1867. S. 1 und 1869 S. 585.

weiter betont, so wird dadurch die erwähnte Combination noch keineswegs unmöglich, weil doch, wie es DE BARY[1] zeigte, zwei verschiedene Pilze auf demselben Raupen-Individuum gleichzeitig vegetiren können. Die Zusammengehörigkeit von *Melanospora* und *Isaria farinosa* wurde in der That von BAIL in der Sitzung vom 31. Sept. 1869 der botanischen Sektion der Naturforscherversammlung zu Innsbruck bestimmt behauptet,[2] allerdings ohne dass hierfür andere Gründe als das „regelmässige" gesellige Vorkommen und das stetige Auftreten der *Melanospora* „als das Ende der Entwickelung der *Isaria farinosa*" angeführt werden.

Auch bei DE BARY's Untersuchungen über die von Muscardine verursachten Krankheiten einiger Raupen zeigte sich häufig *Melanospora*. Nach den schon damals allgemein herrschenden und noch heute nicht wesentlich veränderten Ansichten über den Polymorphismus der Pilze war es schon von vornherein sehr wahrscheinlich, dass für *Botrytis Bassii* auch eine zweite ascusbildende Fruchtform existire. Bei der Unvollständigkeit der früheren Beobachtungen war dabei die Möglichkeit nicht ausgeschlossen, dass diese schlauchbildende Form der *Botrytis* gerade in *Melanospora* zu erblicken wäre, eine Möglichkeit, die von DE BARY[3] aber „ausdrücklich nur als Vermuthung" hervorgehoben wurde. Dieser Hypothese hat sich auch BREFELD[4] und zwar ohne alle Reservation neulich angeschlossen.

Denkbar wäre noch eine vierte Möglichkeit, dass nämlich *Melanospora* die ascusbildende Fruchtform eines Pilzes wäre, der sich selbstständig von den im Insektenkörper dargebotenen organischen Stoffen ernähre.

Die Frage nach der wahren Natur der in Rede stehenden Perithecien war jedoch bei alledem ihrer Lösung nicht näher gekommen. Eine auf unverkennbaren Thatsachen begründete Antwort derselben schien aber immer wünschenswerth genug, um eine nähere Untersuchung zu rechtfertigen.

Auf einer in der Nähe von Strassburg eingesammelten, nicht näher bestimmten Schmetterlings-Puppe, die mit höckerförmiger *Isaria farinosa* bewachsen war, kamen Ende Oktober 1881 Perithecien zum Vorschein, die sich bald als mit TULASNE's *Melanospora parasitica* identisch erwiesen. Auch auf Wolfsmilchraupen, die mit diesem Material entnommenen Conidien inficirt und später

---

[1] Bot. Ztg. 1869. S. 586.
[2] Siehe das Referat in Bot. Ztg. 1869 N:o 45.
[3] a. a. O. S. 589.
[4] BREFELD: Unters. über die Schimmelpilze. IV. S. 136.

von *Isaria* in bekannter Weise getödtet und überwuchert wurden, trat *Mela-nospora* in reichlicher Menge auf. Es wurde gleichzeitig die von de Bary als *Isaria strigosa Fr?* bezeichnete Pilzform und etwas später auch *Botrytis Bassii* in die Untersuchung eingezogen und während des folgenden Wintersemesters in Kultur behalten. Als Material für die Erziehung der Pilze diente haupt-sächlich die immer leicht zu verschaffenden Larven von *Tenebrio molitor*; ge-legentlich wurden auch verschiedene Raupen von kleineren Schmetterlingen, Holzbohrern etc. verwendet.

Auf sämmtlichen an der Pilzkrankheit gestorbenen Thieren, sei es, dass sie von *Botrytis* oder von einer der beiden Isarien befallen waren, zeigten sich früher oder später die *Melanospora*-Perithecien, meist in ausserordentlicher Menge. Gewöhnlich entwickelten sie sich erst, als die *Isaria*, resp. *Botrytis* ihr Wachsthum schon fast beendigt hatten; zweimal konnte ich sogar einige mit *Isaria farinosa* bewachsene, auf feuchtes Fliesspapier gelegte Mehlwürmer monatelang unter einer besonderen Glasglocke aufbewahren, ohne dass sich die *Melanospora* darauf zeigte. *Isaria* erreichte dabei ihre definitive Entwickelung und war schliesslich von einer dicken Lage abgeschnürter Conidien bedeckt. Auf diese *Isaria*-Exemplare wurden nun, lange nachdem keine Wachsthums-veränderungen an ihnen mehr zu sehen waren, Ascosporen von *Melanospora* gebracht; einige Tage später traten auch hier eine Menge, in die Conidien-masse halb eingesenkter Perithecien auf.

Dem Anfang der Perithecienbildung geht eine schwache Gelbfärbung des bis dahin rein weissen Pilzkörpers voraus; sie erscheint gewöhnlich anfänglich an ein oder zwei Stellen desselben und schreitet von da aus über die ganze Oberfläche fort. Die für die völlige Ausbildung eines Peritheciums nöthige Zeit war in den Wintermonaten ungefähr vier Tage; acht bis zehn Tage nach dem Beginn der Perithecienbildung ist das conidientragende Pilzpolster mit dicht gedrängten, allseitig ausstehenden *Melanospora*-Früchten besät. (Fig. 1.)

Durch die angeführten Thatsachen sind die durch frühere Beobachtungen gewonnenen Kenntnisse über das Vorkommen unseres Pilzes völlig bestätigt und in so weit erweitert worden, als das gesellige Auftreten desselben mit noch einer dritten Pilzspecies, *Isaria strigosa*, festgestellt werden konnte. Hier-durch, wie auch durch das plötzliche Auftreten von *Melanospora* kurz nach der Aussaat ihrer Ascosporen auf ein *Isaria*-Polster, das bis dahin bei einer mehrere Wochen fortdauernden Kultur frei davon geblieben war, wird der genetische Nichtzusammenhang zwischen *Melanospora* einerseits und *Botry-tis* und die beiden *Isaria*-Formen andererseits, wenn nicht erwiesen, doch an-gedeutet.

Eine endgültige Entscheidung hierüber war von einer direkten Beobachtung über die Entstehung des Pilzes aus den Ascosporen zu erwarten und ich
bestrebte mich daher zunächst, die Keimung derselben auf dem Objektträger
zu erreichen.

Die Form der reifen Ascosporen ist eine kurz cylindrische mit an beiden
Enden stumpf abgesetzten Baselflächen. (Fig. 2,a.) Die in demselben Ascus
enthaltenen Sporen sind, soweit gesehen, der Form und Grösse nach einander
vollkommen gleich; dagegen sind die Grössenverhältnisse der Sporen verschie-
dener Asci eines Peritheciums nicht unbedeutenden Schwankungen unterworfen.
Die gewöhnliche Länge ist 5 bis 6 μ und die Breite 2 μ; es wurden indessen Sporen von 4,5 bis 8 μ Länge und 2,5 μ Breite gemessen. Diese
Veränderlichkeit in der Sporengrösse macht sich in jedem Perithecium und
ganz unabhängig von seinem Alter bemerkbar, wovon man sich leicht beim
Zerdrücken einiger derselben überzeugen kann.

Der an ungekeimten Sporen der optischen Untersuchung allein zugängliche
Theil der Membran, welcher die Cylinderfläche der Spore bildet, ist relativ
dick, etwas spröde und scheint auch bei stärkster Vergrösserung ungeschichtet;
ihre olivenbraune Farbe lässt die Sporen in grösseren Mengen fast schwarz
erscheinen. Sie zeichnet sich übrigens durch ihre grosse Resistenzfähigkeit
aus; durch concentrirte Schwefelsäure wird sie nicht merklich verändert; auch
Kalilauge greift sie nur langsam an. Für Wasser ist sie leicht durchlässig,
was daraus hervorgeht, dass bei Anwendung von wasserentziehenden Reagen-
tien, Alkohol, Schwefelsäure, Zuckerlösung u. s. w., sowie auch bei Eintrocknen
ein in dem durch den Wasserverlust concentrirt gewordenen Zellinhalt nicht
mehr lösbares Gasbläschen auftritt, während die feste, dicke Membran unge-
faltet verbleibt. In den Sporen bildet TULASNE einen rundlichen, centralen
Körper ab, von welchem im Text nichts erwähnt ist, der aber kaum etwas
anderes sein kann, als jenes bei dem Wasserverlust ausgeschiedene Gasbläschen.

In feuchtem Zustande besteht der Sporeninhalt aus homogenem, farblosem
Protoplasma, in welchem an den beiden Sporenenden je zwei bis mehrere
winzige, lichtbrechende Körper eingebettet sind. Werden die Sporen unter
dem Deckglas zerdrückt, so sieht man diese Körper in grösseren, stark lichtbrechenden Tropfen zusammenfliessen, die durch Ether gelöst und von Ueber-
osmiumsäure gebräunt werden und somit als Fett oder fettes Oel zu bezeichnen sind. Einen Zellkern habe ich nicht in den Sporen, wie überhaupt in
keinem Organ des Pilzes nachweisen können.

Die Ascosporen keimen auf dem Objektträger in dünner Wasserschicht
oder sehr feuchter Luft ohne grosse Schwierigkeit. Die Sporenmembran wölbt

sich hierbei an den beiden Endflächen allmählig nach aussen und wächst an diesen Stellen zu je einem, sich äusserst langsam vergrössernden Keimschlauch aus, dessen Dicke, wenigstens anfänglich, der der Spore gleichkommt. (Fig. 2,b, 5 u. s. w.) Die Membran des Keimschlauches ist farblos und ziemlich dick, und bei Anwendung von starker Vergrösserung (Hartnack 10, imm.) zeigt sich, dass sie wirklich eine direkte Fortsetzung der braunen Sporenmembran, diese nicht etwa von einer inneren Hautschicht durchbohrt oder zersprengt ist. Die im Sporeninhalt ursprünglich vorhandenen Fett-Tröpfchen sieht man bei beginnender Keimung unverändert an ihrem Platz. Je weiter der Keimungsprozess fortschreitet, desto unbedeutender werden aber jene Tröpfchen; bei stetig abnehmender Menge gehen sie später theilweise in den Keimschlauch über, um schliesslich hier gänzlich zu verschwinden. Sobald dies geschehen, was gewöhnlich eine Zeit von mehreren Tagen erfordert, steht das Wachsthum der Keimschläuche still; diese haben jetzt im günstigsten Falle eine Länge von etwas mehr als der Hälfte der ungekeimten Spore erreicht, sind immer unverzweigt und oft gegen das Ende zugespitzt. Der Gesammtinhalt der gekeimten Spore besteht aus gleichförmigem, durch Jod sich rothbraun färbendem Protoplasma. In dicht gedrängten Kulturen können die Keimschläuche von zwei bis mehreren Sporen durch Resorption der Membranen an den Berührungsstellen mit einander in offene Verbindung treten, wie dies bei sehr vielen Pilzmycelien schon längst bekannt ist.

Auffallend ist, dass die für die Keimung nöthige Zeit gewöhnlich sehr verschieden ist, auch für Sporen, die demselben Perithecium entstammen und auf dem Objektträger dicht neben einander liegen. Einzelne Keimungen zeigen sich oft schon 24 Stunden nach der Aussaat, während die grosse Mehrzahl der Sporen erst im Laufe von mehreren Tagen ihren Ruhezustand allmählig verlassen, und manche derselben noch nach mehr als zwei Wochen unverändert und anscheinend frisch daliegen.

Alle Versuche durch Variation der Zusammensetzung und Concentration der Nährflüssigkeit (Pflaumen- und Mist-Dekokt, Traubensaft etc.) eine Weiterentwickelung der Sporen zu erlangen, blieben erfolglos; niemals entwickeln sie sich über den schon beschriebenen, rudimentären Keimungszustand hinaus. Die Möglichkeit, dass die Sporen in einer Nährlösung ganz specifischer Beschaffenheit sich anders verhalten würden, bleibt natürlich immer offen, wird aber mit Kenntniss der eigenthümlichen, gleich zu beschreibenden Lebensverhältnisse der *Melanospora* unwahrscheinlich genug, um hier völlig ausser Acht gelassen werden zu können. Da weiter das Verschwinden der in der ungekeimten Spore enthaltenen Fett-Tröpfchen und das vielfach konstatirte gleich-

zeitige Stillstehen in der Volumenzunahme der Keimschläuche mit einander
offenbar in causalem Zusammenhang stehen, indem jene wahrscheinlich für die
Produktion neuer Membrantheile verwendet werden, scheint es nicht unberech-
tigt zu schliessen, dass den Sporen die Fähigkeit überhaupt abgeht, ihre Nähr-
stoffe aus der umgebenden Flüssigkeit direkt zu erneuern und für die Ausbildung neuer Myceltheile zu verwenden.

Nachdem die Entwickelungsunfähigkeit der *Melanospora*-Sporen in Reinkulturen festgestellt wurde, hatte die Hypothese von dem Parasitismus der
Melanospora noch weiter an Wahrscheinlichkeit gewonnen; es blieb aber noch
übrig, den entscheidenden Beweis hierfür in der weiteren Entwickelungsgeschichte zu suchen.

Wie schon von DE BARY ausführlich berichtet wurde, lassen sich die von
ihm untersuchten insektenbewohnenden Pilze, in deren Gesellschaft *Melanospora*
immer beobachtet wurde, leicht in Objektträgerkulturen erziehen. Es wurden
zunächst nur die gegenseitigen Beziehungen zwischen *Melanospora* und *Isaria*
farinosa näher ins Auge gefasst und Conidien dieses Pilzes mit *Melanospora*-
Sporen in dünner Wasserschicht auf dem Objektträger ausgesät. Wenn *Melanospora* für ihre weitere Entwickelung auf eine parasitische Lebensweise auf
Isaria hingewiesen wäre, war zu erwarten, dass sie auch in den leicht kon-
trollirbaren Objektträgerkulturen mit ihrer eventuellen Wirthspflanze zusammen gediehe.

In der That bemerkte ich fünf bis sechs Tage nach der Aussaat, dass
einzelne *Melanospora*-Sporen mit einem von ihren kurzen Keimschläuchen sich
fest an einem *Isaria*-Faden angelegt und dann dicke, septirte Mycelfäden getrieben hatten (Fig. 5, 6). Bald war es das an *Isaria* angelegte, bald das entgegengesetzte Ende der Spore, das weiter auswuchs; nur einige Mal sah ich
an einer Spore die beiden primären Keimschläuche heranwachsen, was wohl
in einer zufällig reichlicheren Nahrungszufuhr seinen Grund haben mochte und
in der Natur vielleicht öfters vorkommt. Im Gegensatz zu dem stark lichtbrechenden Inhalt der *Isaria*-Hyphen, welche sie an Dicke um das drei- bis
vierfache übertrafen, hatten diese ein mattes gleichförmiges Protoplasma von
einem schwach gelblichen Farbenton. Nach Behandlung mit Jod, wodurch das
Protoplasma von *Isaria* gelbroth und das von *Melanospora* dunkel braunroth
gefärbt wird, ist deutlich zu sehen, dass eine Resorption der Membranen an
der Berührungsstelle zwischen den beiden Mycelfäden nicht zu Stande kommt.
Die Verwachsung ist indessen eine sehr feste, so dass ein Losreissen der
beiden Schläuche von einander auch durch eine starke Verschiebung des Deckglases nicht herbeigeführt wird.

Die Parasiten-Natur der Melanospora geht schon aus den vorhandenen
Daten unmittelbar hervor; für die Art und Weise, in welcher sie ihre Nahrung der *Isaria* entzieht, müssen einfach endosmotische Strömungen durch die
immer geschlossen bleibenden Membranen postulirt werden.

Sehr oft und besonders in dicht gedrängten Kulturen ergibt sich, dass die
Verwachsung einfach dadurch zu Stande kommt, dass die keimende Spore sich
an einem älteren, in ihrer unmittelbaren Nähe befindlichen *Isaria*-Faden anhaftet. Es fragt sich aber, ob sie immer nur Zufall ist, d. h. eine gelegent-
liche Berührung zwischen den resp. Myceltheilen zur nothwendigen Voraus-
setzung hat, oder ob nicht vielleicht die Möglichkeiten dazu durch eigenthüm-
liche Lebensbedingungen bei dem einen oder bei beiden Pilzen vervielfältigt
werden.

Es ist zunächst zu bemerken, dass die Sporen in ihrem rudimentären
Keimungszustande eine gewisse Zeit, die wenigstens drei bis vier Tage um-
fassen kann, anscheinend unverändert verbleiben, wenn sie sich nicht gleich
bei ihrer Keimung an einem *Isaria*-Schlauch anheften können; bei später ein-
tretender Vermehrung der *Isaria* entwickeln sie sich dann in gewöhnlicher
Weise. Die Fähigkeit der Sporen zu weiterer Entwickelung erlöscht also nicht
mit dem Aufhören der sichtbaren, primären Wachsthumsveränderungen. Ich
habe schon oben auf die Thatsache hingewiesen, dass, wenn man auf eine
grössere Menge von Sporen Rücksicht nimmt, der Anfang des Keimungspro-
zesses sich auf einen längeren Zeitraum vertheilt. Es ist ohne Weiteres einleuchtend, dass diese beiden Umstände auf das Verhältniss zwischen solchen
Sporen, die wirklich zu gewöhnlichen Mycelhyphen auswachsen, und denjenigen, die zwar keimen, aber aus Mangel an *Isaria* zu Grunde gehen, zu Gunsten der ersteren beträchtlich einwirken müssen.

In Kulturen mit, nach Zusatz von Nährstofflösung, kräftig wuchernder
Isaria ist es selten, dass eine gekeimte *Melanospora*-Spore lange isolirt liegen
bleibt; die Keimung und Anwachsung von *Isaria* ist vielmehr beinahe gleichzeitig, so dass man oft fast den Eindruck bekommt, als ob die Keimung zuerst
durch die benachbarte *Isaria* angeregt werde. Dass dies nicht der Fall sein
kann, zeigen doch die oben erwähnten Reinkulturen von *Melanospora*, wo die
Keimung ebenso schnell und regelmässig wie in den gemischten erfolgt.

Die Erkennung des wirklichen Verhältnisses gelingt bei Fixirung einer
keimenden etwas isolirt liegenden Ascospore in der feuchten Kammer. Es
stellt sich nämlich heraus, dass sobald ein *Isaria*-Zweig mit seiner wachsenden
Spitze in eine bestimmte Entfernung von einer keimenden oder frisch gekeimten
Melanospora-Spore kommt, jener mit eventueller Veränderung seiner früheren

Wachsthumsrichtung auf die Spore hinwächst, worauf diese sich an dem *Isaria*-Zweig befestigt und in beschriebener Weise entwickelt. Die Constanz und Regelmässigkeit dieser Erscheinung zu konstatiren wird in geeigneten Kulturen nicht schwer. In Fig. 7 habe ich beispielsweise die an demselben Exemplare beobachteten successiven Hauptabschnitte des Entwickelungsganges dargestellt. Unter Hinweisung auf die Figurenerklärung will ich hier nur bemerken, dass die Langsamkeit des Wachsthums, die hier für eine genaue Beobachtung nur vortheilhaft sein kann, theils in der ungünstigen Jahreszeit, theils in dem Mangel an Nährstoffen in der absichtlich schwach genährten Kultur ihre Erklärung findet. Es ergiebt sich übrigens von selbst, dass kontinuirliche Beobachtungen an demselben Objekte kaum nothwendig sind um die oft sehr deutliche Abkrümmuug des *Isaria*-Fadens gegen die Ascospore zu bestätigen, da der von der *Isaria*-Schlauchspitze zurückgelegte Weg einfach durch die Form des betreffenden Fadens genau bezeichnet ist. Der Verlauf eines *Isaria*-Fadens ist meistens verschiedentlich gekrümmt und gebogen, auch nachdem seine Hauptrichtung gegen den Schmarotzer deutlich markirt ist. Nach dem Verwachsen mit der Ascospore hört manchmal das weitere Wachsthum des *Isaria*-Zweiges gänzlich auf, oder es bildet sich, was in gut genährten Kulturen normal ist, unterhalb der Verwachsungsstelle, gewöhnlich in einem Knie des Fadens ein neuer Mycelzweig aus, der, die ursprüngliche Wachsthumsrichtung des Schlanches beibehaltend, dadurch dem Ganzen den Anschein giebt, als ob die *Melanospora* an einen kurzen Seitenzweig des Hauptschlauches befestigt wäre.

Durch die soeben erörterten Thatsachen werden wir auf die Schlussfolgerung gedrängt, dass *die anscheinend ganz passive Ascospore der Melanospora während und eine Zeit lang nach ihrer Keimung durch die umgebende Flüssigkeit hindurch mit einer bestimmten Kraft auf eine in der Nähe befindliche, wachsende Schlauchspitze von Isaria farinosa wirkt, wodurch diese von ihrer früheren Wachsthumsrichtung ab- und auf die Melanospora-Spore hingelenkt wird.* Die grösste Entfernung, in welcher ich diese Ablenkung mit Sicherheit konstatiren konnte, beträgt etwa vier bis fünf Sporenlängen. Es handelt sich somit nur um ganz minimale Distanzen; es ist aber leicht zu verstehen, dass nicht desto weniger diese Eigenschaft der Ascosporen von grösster Bedeutung ist für ihre definitive Entwickelung.

Wenn nun aber die krümmende Einwirkung der *Melanospora* auf *Isaria* durch die direkten Beobachtungen ausser allem Zweifel gesetzt ist, kann dagegen die Frage nach den speciellen Ursachen des eigenthümlichen Verhaltens des *Isaria*-Schlauches gegenwärtig nicht beantwortet werden. In Ermangelung bestimmter, hierfür verwerthbarer Thatsachen kann auch auf eine nähere Diskussion der verschiedenen möglichen Hypothesen verzichtet werden. Ich will nur in Kürze hinweisen auf die unverkennbare Analogie jener Erscheinung mit der von DE BARY[1] beobachteten und näher besprochenen Einwirkung der jungen Oogonien mancher Saprolegnieen und Peronosporeen auf benachbarte Myceläste, wodurch diese nicht nur örtlich von ihrer ursprünglichen Wachsthumsrichtung abgelenkt, sondern auch morphologisch zu Antheridien umgebildet werden.

Oben angeführte Resultate wurden ausschliesslich durch Versuche mit *Isaria farinosa* gewonnen; es zeigte sich aber bald, wie dies nach den älteren Beobachtungen zu erwarten war, dass *Melanospora* in ganz ähnlicher Weise sowohl *Botrytis Bassii* als *Isaria strigosa* befällt. In Objektträgerkulturen, wo ich *Melanospora* mit Conidien von zwei oder drei ihrer bisher bekannten Wirthspflanzen ausgesät hatte, wurden sie alle in gleicher Weise befallen und zwar nach den vorhandenen Raumverhältnissen, d. h. ohne dass ich bemerken konnte, dass die eine oder andere unter ihnen etwa bevorzugt wurde. In wie weit *Melanospora* auch auf anderen insektentödtenden Pilzen vorkommt, blieb wegen Mangel an Untersuchungsmaterial noch fraglich; auf *Empusa Muscæ* habe ich sie nicht gesehen. In Kulturen, in welche Sporen von *Penicillium glaucum*, verschiedenen Arten von *Fusisporium* und *Mucor* u. s. w. hereingebracht und die Hyphen dieser Pilze als Substrat der *Melanospora* dargeboten wurden, verhielt sich diese vollkommen indifferent; eine Erzeugung von Mycelium fand hier nicht statt.

In den wachsenden Mycelhyphen der *Melanospora*, die immer das homogene, matte Protoplasma des jungen Keimschlauches behalten, treten bald Scheidewände in streng acropetaler Folge auf. Sehr früh werden auch starre, oft in etwa 90° abstehende Zweige angelegt. Wird eine gekeimte aber noch nicht ausgewachsene Ascospore von einer zweiten *Melanospora*-Hyphe berührt, so werden die Membranen an der Berührungsstelle resorbirt und die Spore entwickelt sich in gewöhnlicher Weise. (Fig. 3, 4, 6.)

Die Nahrungsaufnahme der älteren Myceltheile wird durch besondere kurze Ästchen besorgt, die regellos an den Hauptzweigen bald in weiterer Entfernung von einander, bald zu mehreren an einer Zelle entstehen. (Fig. 8, 10.) Ihre Gestalt ist eine sehr wechselnde, öfters kurz länglich, manchmal auch hakenförmig oder unregelmässig gekrümmt. Bei Anwachsen eines *Isaria*- resp. *Botrytis*-Fadens verwächst ihre Spitze damit, wonach ihr Wachsthum gewöhn-

---

[1] DE BARY und WONONIN: Beiträge zur Morphologie und Physiologie der Pilze IV. S. 84—92. Abdruck a. d. Abhandl. d. Senckenb. naturf. Gesellsch. Bd. XII.

lich für immer abgeschlossen ist. An der Berührungsstelle, die jedoch manchmal bei ungünstiger Lage wegen der Zartheit des Objektes nicht sicher zu
erkennen ist, wird, soweit dies entschieden werden konnte, die Membran nicht
resorbirt. Dünne, gekrümmte Äste, die vollständig das Aussehen solcher
Nahrungszweige besitzen, sieht man bisweilen frei hinausragen, ohne die Wirthspflanze erreicht zu haben. (Fig. 10.) Von gewöhnlichen Mycelästen sind sie
übrigens nicht scharf unterscheidbar und Zwischenformen sind keineswegs
selten.

Auf ihren natürlichen Standorten erreichen die Mycelfäden nicht selten
eine Dicke von 8 bis 9 μ, während diese in Objektträgerkulturen kaum 4 bis
5 μ übersteigt. Die von zu- oder abnehmender Nahrungszufuhr bedingten
Veränderungen in der Dicke der Hyphen sind auf dem Objektträger oft direkt
zu beobachten. Betrachtet man einen Myceltheil, der nur spärlich in Berührung mit Fäden der Wirthspflanze gekommen ist, so sieht man in der Nähe
jeder Berührungsstelle eine oft bedeutende Dickenzunahme des *Melanospora*-
Schlauches, während die zwischenliegenden Theile dünn ausgezogen sind.
Wenn die *Melanospora*, dadurch, dass sie über den von der Wirthspflanze
eingenommenen Raum hinauswächst, sich selbst überlassen wird, wächst sie
noch in der Dicke von 1 bis 2 μ kümmerlich weiter, dann steht das Wachsthum still, um bei eventueller Vermehrung der Wirthspflanze wieder anzufan-
gen. Von der Wirthspflanze selbst ist nur das noch zu erwähnen, dass sie
inzwischen immer, meistens sehr reichlich Conidien setzt und überhaupt von
dem Schmarotzer in keiner anderen Weise als durch die Verzögerung des
Wachsthums an den befallenen Myceltheilen modificirt wird.

Einzelne Mycelzweige erheben sich bald über das Niveau der Flüssigkeit
und bilden reichliches Luftmycel von rankenförmigen durch einander verflochte-
nen Ästen, die sich in beschriebener Weise von denen der Wirthspflanze er-
nähren. Hier folgt auch regelmässig Erzeugung von *Conidien*. Soweit meine
Kenntnisse sich strecken, sind diese nicht früher beobachtet; am besten kann
vielleicht bei dieser Gelegenheit bemerkt werden, dass die von TULASNE
(Carp. III, Tab. III.) für *Melanospora* abgebildeten Conidien, wie aus einer Vergleichung mit meinen Figuren unzweifelhaft hervorgeht, mit denen von *Cordyceps
militaris* oder vielmehr von *Isaria farinosa* identisch sind. Die Conidienträger
der *Melanospora* sind kurze, kräftige Mycelzweige, die an ihrer Spitze einige,
gewöhnlich sechs bis zehn, wirtelständige, flaschenförmige, allseitig ausgesperrte
und durch je eine Scheidewand abgegrenzte Sterigmen tragen. (Fig. 9, 10.)
Die Conidien werden in kurzen (ich sah deren zehn hinter einander), leicht
abfallenden Reihen abgeschnürt und haben eine ovale oder längliche Gestalt.

Ihr, dem Sterigma zugewandtes Ende ist deutlich zugespitzt, das entgegengesetzte abgerundet. Ihre Länge schwankt zwischen 5 und 12 μ, ihre Breite zwischen 2 und 4 μ. Sie konnten in jeder gut wachsenden Kultur, sei es auf dem Objektträger, sei es auf Insekten nachgewiesen werden, aber immer verhältnissmässig spärlich. Von verschiedenen Nahrungsbedingungen schien ihre Freqvenz nicht beeinflusst. Bei ihrer Keimung verhalten sie sich noch passiver als die Ascosporen. Während sie, gleich diesen, eine bestimmte Attraktion auf benachbarte, wachsende Schlauchspitzen der Wirthspflanze durch die Nährflüssigkeit ausüben, erleiden sie dabei selbst keine sichtbare Veränderungen, bis sie mit der Wirthspflanze verwachsen sind. Nachdem wächst an einem morphologisch nicht bestimmbaren Orte ihrer Oberfläche ein Keimschlauch aus, der von einem aus einer Ascospore stammenden in nichts verschieden ist. (Fig. 10, 11.)

II.

Schon innerhalb acht Tagen nach der Keimung der Sporen resp. Conidien beginnt auch in den Objektträgerkulturen an den Ästen des Luftmycels eine, wenn auch spärliche Bildung von Perithecien. Wie bei so vielen anderen Ascomyceten besteht die junge Fruchtanlage auch bei *Melanospora* aus einem durch seine äussere Gestaltung krakterisirten Archicarp oder Carpogon, dessen gemeinsamer Ursprung mit den oben beschriebenen Conidienträgern vielfach konstatirt wurde. (Siehe Fig. 9.) — BREFELD[1] hat dieses Carpogon gesehen und die Hauptmomente bei der Bildung des Peritheciums richtig angegeben. Seine kurzgefasste Notiz hierüber lautet: „die Perithecienanlage beginnt mit einer Schraube als Initialfaden, welche die Ascen bildet; Seitensprosse, unterhalb der Schraube entspringend, bauen die Kapsel auf." Diese Bemerkung, womit wohl nur der Anschluss der *Melanospora* an den übrigen mit Archicarp versehenen Ascomyceten betont werden soll, gewährt keinen Einblick in die Einzelheiten des Vorganges bei der Fruchtbildung. Da es gerade bei *Melanospora* möglich ist, die successiven Entwickelungsstadien des Fruchtkörpers in ununterbrochener Kontinuität zu beobachten und da weiter die Entstehung der Pyrenomyceten-Früchte und speciell die Erzeugung der Asci nur an einigen, leicht gezählten Beispielen erläutert worden ist, so mag die unten versuchte, ausführlichere Darstellung der Perithecienbildung nicht überflüssig erscheinen.

Die in lange andauerden Kulturen oft unvermeidlichen Störungen, welche von massenhaft sich anhäufenden Bacterien oder Hefepilzen, von plötzlichen Wechslungen in Concentration der Nahrungsflüssigkeit u. s. w. herrühren, konnten zwar insoweit beseitigt werden, als Perithecien mehrmals auf dem Objektträger zu völliger Reife gebracht wurden; kontinuirliche Beobachtungen an demselben Fruchtkörper hatten jedoch wenig interessantes, da stärkere Vergrösserungen und speciell Immersionsobjektive nicht konnten angewendet werden, weil das Benetzen der Archicarpien beim Auflegen des Deckglases immer

---

[1] a. a. O. S. 136.

den Tod derselben herbeiführte. Das Totalbild des Entwickelungsvorganges musste deswegen aus zahlreichen Einzelfällen zusammengestellt werden.

Die Perithecienbildung beginnt an wenigen, isolirten Stellen der Mumienoberfläche und schreitet von da aus successiv in centrifugaler Richtung fort; auch die jüngsten Fruchtanlagen können mit Kenntniss hiervon leicht und sicher aufgefunden werden. Um die Untersuchung derselben zu erleichtern wurde die betreffende Hyphenmasse durch Behandlung mit Alkohol von anhängenden Luftblasen befreit, nachher mit Wasser ausgewaschen und nach Einwirkung von verdünnter Ammoniaklösung unter Wasser weit möglichst ausgewirrt.

Die gewöhnlichste Form des Carpogons ist die einer in zwei bis vier, selten bis auf fünf ziemlich regelmässigen Windungen eingerollten Schraube (Fig. 9, 16 u. s. w.), die entweder einem dickeren Mycelfaden seitlich unmittelbar ansitzt oder das Ende eines kurzen Zweiges bildet. Die Richtung der Windungen ist nicht bestimmt. Sehr oft hat das Carpogon eine unregelmässig gekrümmte oder gebogene Gestalt (Fig. 13, 15, 17); selten dagegen kommt der Fall vor, dass es aus einem fast geraden Fadenstück besteht, das nur an seiner Spitze eine unbedeutende spiralige Einrollung trägt (Fig. 24); in diesem letzteren Falle sieht es dem Ascogon von *Ascobolus furfuraceus*[1] nicht unähnlich.

Schon bei seiner ersten Anlage übertrifft das Carpogon seinen Tragfaden bedeutend an Dicke; sein Inhalt ist ein körn- und vakuolenfreies Protoplasma, das von Jod dunkel braunroth gefärbt wird und das Licht stärker bricht als ein gewöhnlicher Mycelfaden. Ein Carpogon ist demnach gleich als solches erkennbar; ein zweifelhafter Fall ist trotz seiner wechselnden Formverhältnisse mir nicht vorgekommen. Das Ende des Carpogons ist entweder in eine kurze, dünne Spitze ausgezogen (Fig. 12, 17) oder, gewöhnlich, breit abgerundet; nur einmal sah ich sie in einen gewöhnlichen vegetativen Mycelfaden ausgewachsen (Fig. 15).

Wenn das Carpogon seine definitive Länge erreicht hat, manchmal schon früher, wird es durch 1—3 in akropetaler Folge angelegte Scheidewände von seinem Tragfaden abgegrenzt; etwa gleichzeitig beginnt seine Einhüllung durch dünne Seitenschläuche, die theils der Tragzelle des Carpogons theils den Basalpartien desselben entspringen. Es blieb hierbei fraglich, ob der untere, die Hüllschläuche erzeugende Theil des Carpogons *immer* durch Scheidewände von seinem oberen, freien Ende getrennt ist; sicher ist, dass es sich *gewöhn-*

[1] Janczewski; Bot. Ztg. 1871.

3

lich so verhält, sowie dass eine offene Verbindung zwischen jenen Theilen jedenfalls nur von kurzer Dauer ist. Mit Rücksicht auf die durch Erfahrungen bei anderen Ascomyceten angeregte Frage nach einem morphologisch differenzirten Antheridienzweig wurde den Entstehungsverhältnissen der Hüllschläuche eine besondere Aufmerksamkeit gewidmet. Unter ihnen eilt meistens einer in seiner Entwickelung den anderen etwas voraus; er wird bald durch Querwände getheilt und bildet Seitenzweige von zum Theil ganz sonderlichen Formen (Fig. 14—18), die über das Carpogon hinkriechend, gewöhnlich sich demselben fest anschmiegen. Ihr sonstiges Verhalten wechselt fast von Fall zu Fall, indem sie bald quer über die Schraubenwindungen herwachsen, bald vorzugsweise die Falten zwischen denselben aufsuchen, bald die beiden Wachsthumsmodi in den mannigfachsten Variationen kombiniren. Bezüglich der Wachsthumsrichtung des ersten und, wie ich gleich hinzufügen kann, auch der folgenden Hüllschläuche lässt sich somit als positive Regel nur das festhalten, dass sie von der Lage der Carpogonspitze nicht beeinflusst wird.

Bei Durchmusterung einer grösseren Anzahl von Carpogonen wird man weiter nie vergeblich nach Exemplaren suchen, welche von einer zeitlichen Differenz in der Anlegung der ersten Hüllschläuche nichts wahrnehmen lassen. So scheinen in Fig. 20 und 21 die zwei, resp. drei schon gebildeten Hüllschläuche ungefähr *gleichzeitig* angelegt zu sein. Weder in Gestalt noch in innerer Struktur zeigt irgend einer von ihnen eine Verschiedenheit, die auf eine unter ihnen bestehende morphologische oder physiologische Ungleichwerthigkeit hinweisen könnte. Von unbedeutenden und ganz zufälligen Schwankungen in der Dicke abgesehen, ist dies bei den später auswachsenden Schläuchen eben so wenig der Fall (Fig. 19, 22). Eine partielle Resorption der Membranen zwischen dem Carpogon und einem seiner Hüllschläuche wurde nie beobachtet; das Vorkommen einer derartigen Verbindung kann übrigens nur um so unwahrscheinlicher erscheinen, als in dem sonstigen Verhalten der betreffenden Organe kein Moment zu Gunsten ihrer Annahme spricht.

Gleich nach dem Auswachsen der ersten Hüllschläuche wird das Carpogon durch neue Querwände in eine Reihe ziemlich ungleich grosser, protoplasmareicher Zellen gegliedert; die Zahl dieser Zellen ist von der absoluten Länge des Carpogons abhängig, geht doch kaum über 15 hinaus. Das ganze Carpogon hat seit dem Abschliessen seines Längenwachsthums etwas an Dicke zugenommen aber an seiner Form sonst nichts verändert. Dem im Grossen und Ganzen passiven Verhalten des Carpogons gegenüber zeigen jetzt die Hüllschläuche ein überaus lebhaftes Wachsthum. Die schon vorhandenen verzweigen sich reichlich und zwischen ihnen schieben sich meistens noch neue hinein.

Ueber die Zahl der angelegten Hüllschläuche ist es bei etwas älteren Anlagen unmöglich ganz ins Klare zu kommen; nur so viel war sicher festzustellen, dass die Schläuche gewöhnlich nicht sehr zahlreich sind, öfters mögen sie auf die fünf bis sechs erst angelegten beschränkt werden, auf deren wiederholte Verzweigung und rasches Spitzenwachsthum das Zustandekommen der Kapselwand zurückzuführen ist. Der Oberfläche des Carpagons folgend, später über die älteren Schlauchtheile hinkriechend und denselben fest angedrückt bilden die lebhaft weiter wachsenden Schlauchzweige bald um das Carpogon ein fast lückenloses, pseudoparenkymatisches Gewebe, das jenes der unmittelbaren Beobachtung vollständig entzieht.

Es fällt meistens schwer den so entstandenen Fadenknäuel von fremden, nur äusserlich anhaftenden Bestandtheilen ganz frei zu legen, da schon früh einzelne Zweige mit ihren Spitzen sich ausbiegen, um mit den benachbarten Hyphenmassen von *Isaria* oder *Botrytis* innig verflochten, die Nahrungszufuhr des jungen Fruchtkörpers zu besorgen. Es gelang jedoch zu wiederholten Malen Präparate zu gewinnen, die unzweideutig zeigen, nicht nur dass die Wirthspflanzen der *Melanospora* in die Fruchtanlage als Bestandtheile derselben nicht mit eingerissen werden, sondern auch dass in die Zusammensetzung dieser nur solche *Melanospora*-Hyphen eingehen die der Basis des Carpogons entspringen. Bei den ältesten Exemplaren an denen dieses sicher konstatirbar war, bildeten die Hüllschläuche nach aussen schon ein geschlossenes, mehrschichtiges Lager und es ist kein Grund anzunehmen, dass bei zunehmender Grösse fremdartige Elemente sich hier einschieben würden.

Es kann vielleicht am Besten hier bemerkt werden, dass unter den jungen Fruchtanlagen ein grosser Theil in den ersten Entwickelungsstadien stehen bleibt. Sie stehen offenbar allzu dicht neben einander, als dass die im Pilzpolster aufgespeicherte Nahrung für die völlige Ausbildung aller Anlagen hinreichen könnte. Später findet man zwischen reifen Perithecien daher immer junge Fruchtkörper von verschiedenem Alter, deren braungefärbter, geschrumpfter Inhalt unzweifelhaft anzeigt, dass sie ihre Fähigkeit zu weiterem Wachsthum eingebüsst haben.

Um über das weitere Schicksal des Carpogons ins Klare zu kommen, erwies sich Färbung mit Eosin besonders vorzüglich. Die Fruchtanlagen wurden zu diesem Zweck nach Behandlung mit Alkohol auf einige Minuten in verdünnte, wässerige Eosinlösung gebracht und nachher in Glycerin untersucht. Nach einiger Uebung kann man in dieser Weise Präparate bekommen, in welchen die unbedeutend gefärbten Hüllschläuche das stark tingirte Carpogon in genügender Klarheit durchschimmern lassen. Bis zu einem gewissen Alter werden durch dieses Verfahren die im Innern des Fruchtkörpers sich abspielenden Vorgänge ohne Weiteres wahrnehmbar. Die so gewonnene allgemeine Orientirung wurde natürlicherweise durch Vergleichung mit dünnen Durchschnitten des Fruchtkörpers kontrolirt und in Einzelnheiten vielfach vervollständigt. Für die leichte und bequeme Herstellung solcher Durchschnitte waren die mehr als einen Centimeter langen, mit jungen, horizontal austehenden *Melanospora*-Perithecien dicht besäten Höcker von *Isaria strigosa* besonders anwendbar.

Da die Wucherung und Verzweigung der Hüllschläuche gerade an ihrem Ursprungsort weniger intensiv ist als gegen die Spitze des Carpogons, so erhält hierdurch die Fruchtanlage in Profilansicht eine breit eiförmige oder etwas längliche Gestalt mit dem einen Ende mehr oder weniger deutlich verschmälert (Fig. 24, 25). Noch bei einer durchschnittlichen Grösse des Peritheciums von 40 bis 60 μ wurde die Kontinuität des Carpogons mit seinem Tragfaden mehrmals direkt beobachtet und meistens die Basis des ersteren innerhalb des dünneren Endes des Fruchtkörpers gefunden. Abweichungen von diesen Gestaltungsverhältnissen sind allerdings nicht sehr selten und bei der Veränderlichkeit und häufigen Unregelmässigkeit der Carpogonform hat ihr Vorkommen auch nichts überraschendes. So befindet sich in Fig. 23 die Basis des Carpogons nicht am einen Ende, sondern etwas seitlich an dem Fruchtkörper; hin und wieder hat dieser letzere eine fast genau kugelige Gestalt oder ist er erheblich in eine Dimension gestreckt, so dass die Länge drei bis viermal grösser wird als die Breite. In der grossen Mehrzahl der Anlagen ist jedoch die Anordnung der Theile die oben beschriebene.

Während und kurz nach der Umhüllung des Carpogons haben sich die Windungen desselben etwas gelockert; ohne Veränderung ihrer inneren Struktur hat zu gleicher Zeit jedes Glied des Carpogons durch Ausbuchtung ihrer Längswände noch weiter etwas an Dicke gewonnen (Fig. 23, 24). Ins Besondere ist dies mit einer etwa oberhalb der Mitte des Carpogons befindlichen Zelle der Fall, die manchmal eine Dicke von 15 μ erreicht und sich ausserdem durch ihren ausserordentlich reichen, scharf tingirbaren Protoplasmainhalt sowie durch ihre stark glänzende, gequollene Membran kennzeichnet. Späteren Auseinandersetzungen vorgreifend wird diese Zelle unten als ascogene Zelle bezeichnet. In manchen Fruchtanlagen wird nicht eine, sondern zwei über einander stehende ascogene Zellen angelegt; für das Endresultat ist dies jedoch ohne Einfluss, da beide, wie ich hier sogleich bemerke, sich vollkommen ähnlich verhalten, so dass die ursprüngliche Zahl dieser Zellen binnen kurzer Zeit nicht mehr zu bestimmen ist.

Wenn auch nicht in so prägnanter Weise sind die genannten Eigenschaften der Membran auch an dem Carpogonstück zwischen der ascogenen Zelle und dem Tragfaden, der die Hauptmasse des Carpogons umfasst, wahrnehmbar. Dagegen bleibt die Spitze des Carpogons eine Zeit lang fast unverändert. Sie besteht gewöhnlich aus nur einer, etwas gekrümmter Zelle, höchstens aus einer ganzen·Schraubenwindung; in keinem sicher ermittelten Falle fehlte aber dieses endständige, sterile Carpogonstück vollständig. In einem späteren Stadium wird das Endstück bleicher und ärmer an Protoplasma und ist schliesslich nicht mehr erkennbar; obgleich positives nicht vorgebracht werden kann, glaube ich durch die Annahme nicht fehlzugreifen, dass es das unten zu beschreibende Schicksal der sie umgebenden Hüllschläuche theilt. Diese bilden jetzt um das Carpogon ein zwei- bis vierschichtiges Lager, in welchem der Verlauf der einzelnen Hyphen oft auf längeren Strecken sich noch deutlich verfolgen lässt; Luftinterstitien sind nur ausnahmsweise vorhanden.

Die nächste Veränderung im Inneren des Fruchtkörpers ist das Auftreten einer, die ascogene Zelle theilenden Scheidewand. Ihr folgen bald zahlreiche Zelltheilungen nach den drei Richtungen des Raumes, wodurch aus der ascogenen Zelle ein echt parenchymatiches Gewebe von annähernd isodiametrischen plasmareichen Zellen entsteht (Fig. 25). Die Tochterzellen haben die grosse Tingirbarkeit der ascogenen Zelle beibehalten und ihre Membranen sind, wie die der Mutterzelle stark verdickt und in Wasser etwas quellbar. Gleichzeitig mit diesen Zelltheilungen nimmt das Volumen des ascogenen Gewebes·rasch zu. Die luftführenden Zwischenräume in dem Hüllgewebe verschwinden dabei vollständig und in dem jetzt interstitienlosen Hyphenknäuel wird der Ausdehnung des ascogenen Gewebes dadurch Raum geschaffen, dass in den Hüllschläuchen, welche dem Carpogon unmittelbar anliegen ein nach aussen allmählig fortschreitender Desorganisationsprocess anfängt. Der Inhalt eines Schlauches, der diesem Process heimfällt, wird feinkörnig und verschwindet mehr und mehr, die Membranen kollabiren und werden unkenntlich. Der auf Kosten der umgebenden Gewebepartien sich schnell vergrössernde ascogene Zellkomplex drückt die Desorganisationsprodukte nach aussen zusammen und wird so durch eine formlose, feinkörnige Masse von den periferischen, noch intakt gebliebenen Wandschichten isolirt. Die organische Verbindung zwischen den beiden Hauptbestandtheilen des Peritheciums, der Kapselwandung und dem Nucleus oder dem ascogenen Gewebe, ist somit schon in diesem Stadium aufgehoben. Durch reichliche Neubildung an der Oberfläche der Anlage ist indessen die Wandung immer fester geworden und besteht endlich aus sechs bis acht Zellschichten. Diese Zahl der Wandschichten wird nicht verändert, während das Perithecium zu seiner definitiven Grösse auswächst. Unterdessen werden wenigstens anfäuglich die älteren Schichten fortdauernd von neuen überlagert, während in gleichem Maasse die centralen dem oben beschriebenen Desorganisationsprocesse unterliegen; es ist dies daraus ersichtlich, dass die körnige Masse um das ascogene Gewebe trotz des wachsenden Durchmessers dieses letzteren eine Zeit lang an Mächtigkeit nicht abnimmt. Später jedoch wird eine nicht unbeträchtliche Volumenzunahme durch Streckung der Wandschichten erreicht. Die Elemente der Wand erscheinen nach dieser Streckung in einem medianen Längschnitt etwas in die Länge und zwar in tangentiale Richtung gezogen (Fig. 26). Die ganze Perithecienwand hat dabei ein echt parenchymatisches Aussehen angenommen und besteht aus Zellen, die von aussen nach innen an Grösse zunehmen. In wie fern der eine oder der andere dieser beiden Wachsthumsmodi, einerseits Anlegung neuer periferischen und damit gleichen Schritt haltende Desorganisation innerer Theile und anderseits Streckung schon vorhandener Schichten, bei der Volumenzunahme der Perithecien vorherrscht, konnte ich nicht genauer feststellen.

Auch in dem Basalstück des Carpogons gehen während der Entwickelung des ascogenen Gewebes auffallende Veränderungen vor sich. Die ursprüngliche Carpogonmembran sowie die früher angelegten Querwände verquellen und werden vollständig resorbirt; der Inhalt verliert sein Lichtbrechungsvermögen, wird grobkörnig und fliesst zu einem Klumpen zusammen, der mehr oder weniger noch die Schraubenform des Carpogons beibehält. Der Fruchtkörper hat bei alledem seine breit eiförmige Gestalt fast nich verändert; in den meisten Fällen bezeichnet noch immer das schmälere Ende desselben, den Ursprungsort des Carpogons, dessen ursprungliche Ansatzstelle gegen den Tragfaden von den Hüllschläuchen öfters freigelassen oder doch nur wenig überwuchert ist. Wie schon angedeutet, übertrifft das bei der Ascusbildung passive Basalstück des Carpogons die sterile Spitze bedeutend, oft um das mehrfache an Länge. Dieses endständige Stück ist übrigens nach den ersten Theilungen in der ascogenen Zelle nicht mehr unterscheidbar. Ein Verwechslung der beiden sterilen Carpogonstücken ist daher mit einiger Umsicht sicher vermeidbar.

Wenn die Perithecienanlage ungefähr den Querdurchmesser der reifen Frucht erreicht hat, bemerkt man in dem Zellager, welches an das basale Carpogonstück unmittelbar grenzt und besonders in der Nähe des ascogenen Gewebes eine lebhafte Sprossbildung. Dem allseitigen Druck dieser anwachsenden Sprosse nachgebend wird das deformirte Basalstück allmählig rückwärts nach aussen gedrängt und schliesslich aus dem jungen Perithecium als zäher, gummiartiger Tropfen ausgestossen (Fig. 26). Diese Masse ist sogar in Kalilauge nicht merklich quellungsfähig, körnig aber sonst strukturlos; durch Jodsolution nimmt sie eine tiefbraune Färbung an. Sie bleibt zuerst an der Oberfläche der Fruchtanlage haftend, fällt aber bald ab und geht zu Grunde, ohne dass sie, soweit gesehen, im Leben des Pilzes irgend eine andere Rolle zu erfüllen hat. Mit der Verdrängung des Carpogonstückes gleichen Schritt haltend entwickeln sich die neuangelegten Hyphensprossen weiter und erfüllen den von ihm eingenommenen Raum bis auf einen sehr engen centralen Canal, der künftige Ausführungsgang der Sporen. In der Nähe des ascogenen Gewebes wachsen jene Sprosse von allen Seiten her radiär gegen einander; es sind diese als rudimentäre Periphysen zu bezeichnen. Weiter gegen die Oberfläche des Peritheciums erhalten die Sprossungen nach und nach einen gegen die ersteren senkrechten Verlauf, indem sie sich mit ihren rasch fortwachsenden Spitzen nach aussen richten und als cylindrisches, parallelfaseriges Hyphenbündel an der Oberfläche der Anlage hervorbrechen. Indem sich jenes Bündel schnell verlängert, bildet es den langen, von dem Mündungscanal durchsetzten Hals des Peritheciums.

Bezüglich der Lage des Carpogons innerhalb des reifenden Peritheciums geht aus Gesagtem hervor, dass die Spitze des Carpogons der bauchförmigen Basis des Peritheciums zugekehrt ist, während um seinen morpologischen Untertheil die Mündung des letzteren angelegt wird.

Unmittelbar nach dem Auswuchs des Halses beginnt die Braunfärbung der äusseren Wandschichten deutlich hervorzutreten; anfänglich hell rostbraun gefärbt, geht die äusserste Zellschicht schnell in tiefere Nuancen über und ist bei der Fruchtreife schwarzbraun geworden; nach Innen wird die Färbung allmählig weniger intensiv; das Kerngewebe bleibt immer farblos. Gleichzeitig mit der Verdrängung des Basalstückes des Carpogons schickt sich der Kern zur Bildung von Asci. Durch tangentiale Streckung der peripherischen Elemente entsteht in ihm ein kleiner centraler Hohlraum. Die Bildung des Hymeniallagers wird durch die Verlängerung der der Centralhöhle angrenzenden Zellen in diese hinein eingeleitet und durch ihre direkte Transformirung in Asci weitergeführt. Neue Asci sprossen in dem Maasse als ihnen durch das Reifen der alten Raum bereitet wird aus den subhymenialen Schichten hervor. Paraphysen sind in keinem Entwicklungs-Stadium des Peritheciums vorhanden.

Die Entstehung der Ascosporen wurde nicht näher verfolgt. Das in Folge zahlreicher, kleiner Vacuolen schaumig aussehende Protoplasma der Asci sieht man etwas später von massenhaft auftretenden Fett-Tröpfchen und Mikrosomen grobkörnig geworden. Die körnigen Bestandtheile im Protoplasma sammeln sich, anscheinend gleichzeitig, um acht Centra und ballen sich zu ebenso vielen

Klumpen zusammen, welche die charakteristische Form der Sporen allmählig annehmen. Nachdem die Sporen sich mit eigenen Membranen umgeben haben, nimmt die sie umschliessende Ascusmembran eine gallertige Beschaffenheit an und verquillt bald vollständig. Die hierdurch frei gelegten Schwestersporen haften noch eine Zeit lang an einander, liegen aber nach erreichter Reife vereinzelt in der durchsichtigen, gelatinösen Masse eingebettet, die von den verquollenen Ascusmembranen herstammt. Ein lebenskräftiges Perithecium das schon zahlreiche, reife Sporen einschliesst, zeigt in Längs- und Querschnitt Bilder, wie sie Fig. 27 und 28 veranschaulichen sollen. Um die inneren Strukturverhältnisse recht deutlich sehen zu können wurden die Präparate in Alkohol untersucht, da die zahlreichen, quellbaren Elemente in dem Kern die Untersuchung im Wasser bedeutend erschweren.

Je weiter die Sporenbildung im Centrum des Kernes fortschreitet desto mehr werden die äusseren Zellschichten desselben an Nahrungsstoffen erschöpft. Da zugleich ihr Turgor abnimmt und zuletzt sogar gänzlich verschwindet, werden sie durch den Druck der quellbaren Gallertmasse im Centrum des Kernes, die ihr Volumen wahrscheinlich durch Wasseraufnahme langsam vergrössert, gegen die feste Perithecienwand zusammengedrückt. Die Aussenwand wird in Folge dessen stramm ausgespannt; da durch ihren Widerstand für die Volumenzunahme der centralen Gallerte eine Grenze gesetzt wird fängt die Ausleerung der Sporen an. Man sieht jetzt, dass reife Sporen durch eine enge das ascogene Gewebe nach oben durchsetzende Spalte gegen den Mündungscanal des Halses, dessen unmittelbare Fortsetzung sie bildet, gedrückt werden. Ob diese Spalte schon früher angelegt war und ob sie durch das Auseinanderweichen der umgebenden Gewebetheile oder durch die Desorganisation einzelner Zellreihen zu Stande kommt konnte ich nicht ermitteln. Der Halscanal ist wenigstens bei jungen lebenskräftigen Exemplaren so eng, dass die Sporen nur vereinzelt und mit ihrer Längsaxe in der Richtung des Canales liegend dadurch passiren können. Beobachtet man ein Perithecium, das reife Sporen enthält, unter Wasser, so sieht man wie die Sporen mit kurzen Zeitintervallen vereinzelt und mit bedeutender Schnelligkeit durch die endständige Mündung des Halses ausgestossen werden. Unter normalen Verhältnissen in der Luft verläuft jedoch der Process der Sporenentleerung ganz anders. Der Canal erscheint hier in seiner ganzen Länge durch eine kontinuirliche Reihe dichtgedrängter Sporen dunkel markirt (Fig. 29), welche nur langsam, aber in ununterbrochener Folge aus dem Hals hervorgedrückt werden. In die Luft getreten häufen sie sich nicht in eine ordnungslos zusammengepackte Masse an, sondern verbleiben in der Ordnung, in der sie aus dem Hals ausgetreten sind mit einander verbunden und bilden so eine vielfach in sich gewundene, einfache Sporenkette; zigzagförmig gebogene Stücke derselben ragen von dem schliesslich ziemlich kompakt werdenden Sporenhaufen nach allen Richtungen hervor und werden von dem geringsten Luftzug in Bewegung gesetzt, abgerissen und über weite Strecken verbreitet. Höchst wahrscheinlich sind die Sporen bei ihrem Gange durch den Perithecienhals von kleinen, optisch nicht wahrnehmbaren Mengen einer quellbaren Substanz umgeben, die in der Luft erstarrend jene mit einander verklebt.

Unterdessen nähert sich das Perithecium dem Ende seiner Entwickelung. Wenn man die innere Struktur eines derartigen fast reifen Peritheciums untersucht so findet man die Wandschichten seit dem Anfang der Ascusbildung fast nur durch die intensive Färbung ihrer Membranen verändert. Der Kern dagegen besteht hauptsächlich aus reifen und reifenden Sporen, welche in der durchsichtigen, stark quellbaren Gallerte eingebettet liegen; von dem früheren ascogenen Gewebe sind nur noch unbedeutende Reste übrig; es sind dies hauptsächlich collabirende, in Wasser allmählig verquellende Zellmembranen, die einzelne noch frische Zellpartien, deren Mächtigkeit von der mehr oder weniger vorgeschrittenen Entwickelung des Fruchtkörpers abhängt, vereinigen. Alle diese Ueberbleibsel der älteren Kernelemente sind untereinander zu einer membranartigen Blase verbunden und bilden eine dünne, stark gespannte Schicht zwischen der centralen Gallerte und der festen Perithecienwand, welcher letzteren sie jedoch, wie oben angedeutet, nur lose anhaftet. Wenn man ein in diesem Stadium befindliches Perithecium in einen Wassertropfen auf dem Objektträger bringt und die Wand mit einer Nadel seitlich zersprengt, so sieht man den Kern durch die klaffende Öffnung schnell austreten. In der umgebenden Flüssigkeit verquillt die centrale Gallerte vollständig und fast augenblicklich, wodurch die Sporen weit umhergeschwemmt werden. Die membranartige, aus Zellen und Zellresten bestehende Blase wird zugleich in Folge des einseitigen Druckes der sich vergrössernden Gallerte zurückgeschlagen. An der konvexen, früher dem Fruchtcentrum zugekehrten Aussenseite der Blase sieht man noch die jüngst angelegten unreifen Asci hervorragen.

Tulasne hat über die absolute Grösse des Peritheciums folgendes angegeben: der untere bauchförmige Theil des Fruchtkörpers, der den Kern einschliesst, ist ungefähr 0,2 mm. in Durchschnitt, der Hals 1—2 mm lang und 0,04—0,05 mm dick. Diesen Messungen gegenüber habe ich nichts anderes zu bemerken, als dass die von mir beobachteten Perithecien im Allgemeinen in allen Theilen etwas kleiner waren, so dass nur die grössten Exemplare die von Tulasne angegebene durchschnittliche Grösse unbedeutend überschritten.

4

In schlecht genährten Objektträgerkulturen, gelegentlich auch auf Pilzmumien sah ich mehrmals Exemplare die kaum die Hälfte davon erreichten.

Wie wir uns erinnern fehlen durchaus alle Anhaltepunkte, die den ersten, resp. die ersten Seitenschläuche der Fruchtanlage nach äusseren Merkmalen von den später angelegten unterscheiden könnten. Wollte man nun in den allerdings zahlreichen Fällen, wo unter den Hüllschläuchen *einer* als der deutlich zuerst angelegte unterschieden werden kann, diesem Hüllschlauche den Namen Antheridienzweig beilegen, so würde man auch bei denjenigen Fruchtanlagen, wo ein solcher, zeitlich bevorzugter Schlauch *nicht* vorkommt, entweder konsequenter Weise sämmtliche anfänglich und gleichzeitig entstandenen ebenso bezeichnen oder auch gerade diesen Exemplaren einen Antheridienzweig gänzlich aberkennen müssen. Die erste Deutung würde zu einer künstlichen Trennung von Organen führen, deren gegenseitige vollkommene Uebereinstimmung in allen wesentlichen Punkten schon hervorgehoben wurde. Bezüglich der zweiten Alternative ist zwar zuzugeben, dass ein individuelles Fehlschlagen der Antheridienzweige bei einer Species, die solche normal besitzt, allerdings nicht ohne Analogie im Pflanzenreich wäre; die von PRINGS-HEIM[1] bei *Aschlya racemosa* von DE BARY[2] bei *Saprolegnia asterophora, Aphanomyces scaber* u. a. beobachteten, nebenastlosen Oogonien sind hierfür Belege genug. Ob hierdurch die Bezeichnung, von welcher wir ausgingen, ungezwungener erscheint, mag jedoch dahingestellt sein.

Die Homologie zwischen den Sexualorganen der Peronosporeen und den als Archicarp und Antheridienzweig bezeichneten Initialzellen des Peritheciums der Erysipheen ist von DE BARY[3] aufgewiesen und der Anschluss der als einheitliche Reihe aufzufassenden Ascomyceten-Gruppe an die Peronosporeen durch Vermittelung von *Podosphaera* und Verwandten scheint hierdurch sichergestellt. Die ausführliche, hieher gehörende Motivirung soll hier nicht wiederholt werden; unserem Zweck genügt eine Hinweisung auf die durch Vergleichung von bekannten Thatsachen gewonnene Ableitung der Ascomyceten aus Stammformen mit wohl entwickelten, physiologisch wirksamen Geschlechtsorganen.

Eine Erwägung der jetzt vorgeführten Auseinandersetzungen lässt mir folgende Auffassung der Sexualorgane bei *Melanospora parasitica* als die

[1] PRINGSHEIM: Jahrb. f. wiss. Bot. IX S. 206.
[2] a. a. O. S. 101.
[3] a. a. O. S. 109 und folg. Hier auch die frühere Literatur.

natürlichste hervortreten. Die Antheridien haben, nachdem sie funktionslos geworden, eine vollständige vegetative Rückbildung erlitten, so dass sie von gewöhnlichen Mycelhyphen in keinerlei Weise unterscheidbar sind. Dagegen hat das Archicarp eine von sterilen Hyphen verschiedentliche Gestaltung und die Funktion der (parthenogenetischen) Sporenerzeugung beibehalten. Die Perithecienbildung der *Melanospora* geschieht in nächster Ueberein-stimmung mit dem, was durch GILKINETS' Beschreibung für *Sordaria fimicola* bekannt worden ist. Von der Anlegung des schraubigen Carpogons bis zur Erzeugung der Asci ist diese Uebereinstimmung, soweit die Sache untersucht ist, so vollständig, dass die rein parenchymatische Ausbildung des ascogenen Gewebes bei *Melanospora* als die grösste Differenz im Entwickelungsgange der beiden Pilze erscheint. Wenn bei *Melanospora* keine Paraphysen angelegt werden so hängt dieses augenscheinlich mit der eigenthümlichen Ausbildung des ascogenen Gewebes zusammen. Als Differenzpunkt könnte noch hervor-gehoben werden, dass bei *Sordaria* zahlreiche Glieder des Carpogons in der Erzeugung der Asci theilnehmen, während bei *Melanospora* gewöhnlich eine einzige Zelle die Sporenbildung übernimmt. Die näheren Umstände bei der Entstehung des Halses und des Mündungskanales sind bei *Sordaria* noch un-bekannt. — Wie verhält es sich nun bei der sonstigen Uebereinstimmung mit der Differenzirung von Antheridienästen bei *Sordaria?* GILKINET gibt an, dass von dem unteren Theil des Carpogons ein Seitenast hervorsprosst, den er, der damaligen Bezeichnungsweise folgend, Pollinodium nennt und dessen Ende die Spitze des Carpogons erreicht, bevor sich noch die übrigen Hüllschläuche entwickelt haben; ob eine offene Verbindung zwischen Pollinodium und Car-pogon zu Stande kommt, wie dies bei *Eurotium* beobachtet worden ist, wurde nicht entschieden; von den späteren Hüllschläuchen scheint das Pollinodium nicht äusserlich verschieden zu sein.

Meine eigenen wenigen Kulturversuche mit anderen *Sordaria*-Arten lassen mich zwar nicht die Allgültigkeit dieser Angaben für den vorliegenden Fall bestimmt in Abrede stellen. Bei der Kenntniss des Verhältnisses bei *Mela-nospora* und der überaus grossen Ähnlichkeit der Fruchtanlagen (vergl. die Figuren) scheint es jedoch warscheinlich, dass auch bei *Sordaria* hin und wie-der die zwei oder drei ersten Hüllschläuche gleichzeitig auswachsen. Auch wenn dies nicht der Fall wäre, deutet doch die Veränderlichkeit in Verzwei-gung des „Pollinodiums" sowie seine schon erwähnte Nichtverschiedenheit in

---

[1] GILKINET: Rech. morphologiques sur les Pyrenomycètes. Bull. Acad. r. de Belgique, 2:e sér. T. XXXVII.

äusserer Gestaltung von den späteren Hüllschläuchen auf eine weit gegangene vegetative Rückbildung des männlichen Organs.

Die Anlegung und Ausbildung des Peritheciums bei den beiden genannten Species, *Sordaria fimicola* und *Melanospora parasitica* repräsentirt also einen Typus, der charakterisirt ist durch die Unterdrückung des männlichen Elementes und die parthenogenetische Erzeugung der Sporen von einem der Form nach ausgebildeten und von sterilen Hyphen leicht unterscheidbaren weiblichen Organ. Diesem Typus gegenüber stehen einerseits vollständig apogame Formen unter den echten Pyrenomyceten wie *Chætomium*[1] und *Pleospora*[2], andererseits die etwas ferner stehenden Erysipheen und vielleicht *Eurotium*[3] mit wenigstens bei den ersteren scharf ausgeprägter geschlechtlicher Differenzirung.

---

[1] ZOPF: Zur Entwickelungsgeschichte der Ascomyceten. Nova Acta Leop. Car. Akad. Bd XLII.
[2] BAUKE: Zur Entwickelungsgeschichte der Ascomyceten. Bot. Ztg. 1877.
[3] DE BARY: Beiträge zur Morph. Phys. der Pilze. III.

Pyronema confluens (Pers.) Tul.

Unter den ersten Ascomyceten, deren Entwickelungsgeschichte genauer studirt wurde, war das in vieler Hinsicht bemerkenswerthe und durch Berichte in Lehr- und Handbüchern seit zwei Decennien allbekannte *Pyronema confluens*. Schon 1799 wurde dasselbe von PERSOON in seinen „Observationes mycologicæ" als *Peziza confluens* beschrieben und abgebildet. Später von TULASNE[1] unter die Gattung *Pyronema* gestellt, mag es wohl desshalb am Besten mit obigem Namen bezeichnet werden. Eine nähere Ausführung seiner ziemlich weitläufigen Synonymik kann hier füglich unterbeiben, da sie im Wesentlichen nur zu einer Wiederholung dessen führen würde, was von TULASNE (a. a. O.) schon zusammengestellt worden ist.

Die in frischem Zustande schön rosafarbigen Fruchtbecherchen von *Pyronema confluens* finden sich nicht selten auf feuchtem Waldboden bei verlassenen Kohlenmeilern, an Stellen, die durch Waldbrand verwüstet sind, sowie auch auf dem Lehm- oder Sand-Bewurf der Heizungskanäle in Gewächshäusern, nachdem im Frühjahr das Feuern in denselben aufgehört hat. Da die trockenen Destillationsprodukte des Holzes, die an den angeführten Standorten sich absetzen können, ein gemeinsamer, karakteristischer Bestandtheil ihrer löslichen Nahrungsstoffe zu sein scheinen, liegt die Vermuthung nahe zur Hand, dass die Gegenwart dieser Produkte oder vielleicht nur eines derselben, eine nothwendige Bedingung ist für das Auftreten und Gedeihen des *Pyronema*. Ob diese Annahme für experimentelle Prüfung zugänglich ist und in wie weit die Verbreitung des Pilzes auch durch andere Momente beeinflusst wird liegt nicht in dem Plan dieser Arbeit zu untersuchen.

Bei den Untersuchungen DE BARY's[2] über *Pyronema confluens* konnten zwar die ersten Anlagen des Fruchtkörpers bis auf ihre Einhüllung durch das

---

[1] TULASNE: Fungorum Carpologia III S. 197.
[2] DE BARY: Ueber die Fruchtentw. der Ascomyceten. S. 11. Siehe auch: DE BARY: Morphologie und Physiologie der Pilze, Flechten und Myxomyceten. S. 164.

aus dünneren Mycelhyphen bestehende Fadengeflecht in Details beobachtet
und beschrieben werden; die Resultate dieser Untersuchungen sind bekannt
und die folgende Darstellung wird sich an ihnen anzuknüpfen haben. Die
weitere Differenzirung im Inneren des so entstandenen Fadenknäuels bis auf
die Ausbildung des Hymeniums, entzog sich aber der Beobachtung, so dass
einige wichtige Momente in der Entwickelungsgeschichte unseres Pilzes unauf-
geklärt blieben.

So konnte die Frage nach der Bedeutung des schlauchförmigen Fortsatzes an den grösseren der eigenthümlichen, paarweise zusammenstehenden Zellen
der Fruchtanlage, resp. nach einem durch jenen Schlauch vermittelten Ueber-
tritt protoplasmatischer Substanz gar nicht berührt werden. Allerdings sahen
die beiden TULASNE, deren Arbeit[1] sonst nur wenig Neues enthält, dass durch
Resorption der Membranen die Spitze dieses Schlauches in offene Verbindung
mit der kleineren Nachbarzelle tritt. Ihre weitere Observation: „la grosse
cellule semble cependant céder à sa conjointe une part du plasma, qu'elle ren-
ferme" muss jedoch in Mangel genauerer Angaben mit Reservation aufgenom-
men werden, besonders da sie, allem Anschein nach, die von DE BARY erwähnte Scheidewand an der Basis des Schlauches übersehen haben; wenigstens
ist diese Scheidewand weder in ihren zahlreichen Figuren irgendwo deutlich zu
sehen noch ist im Text etwas davon bemerkt.

Vor allem war aber nicht zu entscheiden, ob und in welcher Weise die
charakteristischen, plasmareichen Zellenpaare an der Ascusbildung betheiligt
sind. Wie von DE BARY angedeutet wurde, war ein Vergleich mit den von
ihm soeben entdeckten Geschlechtsorganen des *Erysiphe Cichoracearum* für die
Annahme nicht ungünstig, dass man in den kleineren der eigenthümlichen
Zellen den Ursprung der ascogenen Fäden, in den grösseren Zellen männliche
Organe zu erblicken hätte. Der oben citirte Passus TULASNE's lässt auch eine
Zuneigung seinerseits zu derselben Ansicht vermuthen. Positive Angaben
hierüber fehlen aber durchaus, und andererseits hatte DE BARY an der Oberfläche der grösseren Zellen Fäden hervorsprossen sehen, was auf ein umge-
kehrtes Verhältniss zwischen den beiden Zellenformen hindeuten konnte.

Wenn man also festhält, dass die Entstehung bestimmter Formelemente
aus den vielgenannten Zellenpaaren durchaus nicht erwiesen ist, und dass gerade die Zelle, die angeblich einen Theil ihres Inhaltes an ihre Nachbarin abge-
ben soll und somit wohl als männliche zu betrachten wäre, später die erwähn-

---

[1] TULASNE, Note sur les phénomènes de copulation que présentent quelques champignons.
Ann. d. Sc. nat. V:e sér. T. VI p. 217.

ten Fadensprossungen zeigt, so geht schon hieraus die zweifelhafte Natur jener
Gebilde genügend hervor. Die Forscher, DE BARY und TULASNE, die sich mit
der Entwickelungsgeschichte des *Pyronema confluens* eingehend beschäftigten,
haben auch desshalb vermieden den paarigen Zellen die Bedeutung von Sexualorganen definitiv beizulegen, noch weniger die Bezeichnung einer der Zellen
als Carpogon (oder Archicarp) der zweiten als Pollinodium versucht, und noch
jüngst hat sich DE BARY[1] hierüber mit grösster Reservation ausgesprochen.
Wenn dennoch dieser Versuch anderweitig[2] gemacht worden ist, so kann er
doch, da neue Beobachtungen nicht hinzugefügt werden, nicht als ein auf bekannte Fakta hinreichend begründetes Verfahren angesehen werden.

Eine bei unseren bisherigen Kenntnissen vielleicht ebenso berechtigte
Hypothese ist neulich von FISCH[3] aufgestellt worden. Er vermuthet nämlich,
dass die rosettenförmig angeordneten Zellenpaaren des *Pyronema confluens* eine
ähnliche Bedeutung im Aufbau des Fruchtkörpers haben, als die s. g. Woronin'sche Hyphe bei der von ihm untersuchten *Xylaria polymorpha*, d. h. die
direkte Theilnahme derselben bei der Ascusbildung wird in Abrede gestellt.

————

Als durch das Auftreten von *Pyronema confluens* Anfang Juni 1882 in einem Warmhaus des botanischen Gartens zu Strassburg sich eine Gelegenheit
zum näheren Studium desselben darbot, schien mir eine Wiederaufnahme der
unterbrochenen Untersuchungen zur Aufklärung der noch bestehenden dunklen
Punkte in seiner Entwickelungsgeschichte empfehlenswerth. Der Pilz zeigte sich
anfänglich an dem Ende eines steinernen Heizungskanales, wo er, besonders in
den Rissen und Spalten desselben, zusammenhängende, rosafarbige Krusten bil-
dete. Zur Erhaltung immer neuer Massen von jungen Fruchtanlagen, auf deren
Beobachtung es hier besonders ankam, wurden, je nach Bedürfniss, naheliegende
Theile des Kanales durch successive, ein bis zwei Mal täglich wiederholte Was-
serbegiessung feucht gelegt. Es genügte dieses Verfahren, um regelmässig nach
Verlauf von drei bis vier Tagen eine, meistens ziemlich üppige Vegetation des
Pilzes hervorzurufen, und in dieser Weise wurde ein reichliches, leicht zugäng-
liches Untersuchungsmaterial gewonnen. Da es sich bald erwies, dass der Pilz in
Zimmerkulturen nicht gut gedieh, wurden gewöhnlich morgens geeignete Stücke

[1] DE BARY: Beiträge IV, S. 114.

[2] SACHS: Lehrbuch, vierte Aufl. S. 311; vergl. auch GOEBEL: Grundzüge der Systematik und
spec. Pflanzenmorphologie, S. 123, wo nur der Ausdruck Carpogon in den mehr umfassenden Archicarp verändert ist.

[3] C. FISCH: Beiträge zur Entwickelungsgeschichte einiger Ascomyceten. Bot. Ztg. 1882.

aus der Kanalwand ausgebrochen und die gewünschten Entwickelungszustände darauf sofort aufgesucht, mit der Präparirnadel vom Substrat vorsichtig abgehoben und frisch untersucht.

In den wenigen Fällen, wo bei der Zartheit des Objektes und dem oft unentwirrbaren Geflecht der naheliegenden Mycelfäden, eine sichere Erkenntniss des Sachverhaltes möglich war, erwies sich die junge Fruchtanlage als aus den beträchtlich verdickten, annähernd vertikal gerichteten und wiederholt dichotomisch verzweigten Enden *zweier* Hyphen bestehend, deren kurze, dicht gedrängte Zweige in einander vielfach verschlungen sind (Fig. 30). Die Theilnahme von nur einem oder auch mehreren Hyphen in dem Aufbau des Fruchtkörpers habe ich nicht gesehen und möchte ich diese Fälle, wenn sie überhaupt vorkommen, als seltene Ausnahme betrachten. Als letzte Verzweigungen jener Äste entstehen die eigenthümlichen, später paarweise kopulirenden Zellen, welche der Kürze halber mit den von TULASNE gebrauchten Namen: Makrocysten, die grösseren, und Paracysten, die kleineren derselben, vorläufig bezeichnet werden mögen.

Bezüglich der Art ihrer Entstehung sind noch einige Details erwähnenswerth. Von den Paracysten sah ich mehrwals zwei als Endzweige aus demselben Hauptsprosse entspringen (Fig. 30, 37). Dagegen konnte ich nie trotz langen Suchens eine Makrocyste und eine Paracyste, obwohl gewöhnlich in nächster örtlicher Nachbarschaft, auf dasselbe Zweigsystem zurückführen. Obgleich für einen bindenden Beweis nicht ausreichend, machen diese Beobachtungen jedoch die Hypothese sehr wahrscheinlich dass die beiden Zellformen von verschiedenen Primordialhyphen der Fruchtanlage abstammen.

Nach TULASNE's Darstellung sollte die Anlegung der Paracysten später als die der Makrocysten erfolgen, was ich jedoch nicht habe bestätigen können. Vielmehr zeigen Präparate, wie die in Fig. 30 und 31 abgebildeten, genügend, dass sowohl die erste Differenzirung als das spätere Wachsthum der beiden Zellformen annähernd gleichzeitig vor sich geht.

Die Zahl der Paracysten in einer Fruchtanlage ist gewöhnlich der der Makrocysten gleich und wechselt zwischen sechs und sechszehn oder vielleicht noch mehr. Hin und wieder kamen zwar Fälle vor, wo in einer Anlage bald die eine, bald die andere Zellform etwas zahlreicher war als die andere; es konnten aber diese Unregelmässigkeiten immer ihre Erklärung finden in einer bei den Manipulationen trotz aller Vorsicht oft unvermeidlichen Verstümmelung des Objektes.

Nachdem sich die Makrocyste gegen ihre Stielzelle abgegrenzt und eine Länge von c. 42 μ, eine Breite von c. 36 μ erreicht hat, so beginnt an ihrer

Spitze oder etwas unterhalb derselben das seitliche Austreiben des 4 bis 5 μ breiten, schlauchförmigen Fortsatzes, der sich hakenförmig um die Spitze einer benachbarten Paracyste krümmt; diese letztere ist ungefähr halb so breit wie die Makrocyste, während sie in Länge dieselbe gewöhnlich um einige μ übertrifft. — Als seltene Ausnahme sah ich auch zwei Fortsätze an die nämliche Paracyste sich anlegen; diese war dabei entweder von gewöhnlicher Form oder hatte sie einen Seitenlappen getrieben (Fig. 37), der sich später im Wesentlichen als eine gewöhnliche Paracyste verhält ohne jedoch durch Scheidewandbildung gegen den Mutterschlauch abgegrenzt zu werden.

In Uebereinstimmung mit der bei dichtgedrängten Pilzhyphen allgemeinen Neigung zu gegenseitiger Verwachsung sieht man nicht selten, dass die Membranen einer Makrocyste und einer Paracyste seitlich auf kürzeren oder längeren Strecken mit einander fest verbunden sind. (Fig. 39). In der Regel sind sie jedoch unter einander völlig frei; dies ist auch zwischen dem hakenförmigen Fortsatz und der betreffenden Paracyste der Fall, mit Ausnahme der Spitze des ersteren, wo bald eine innige Verwachsung der Membranen stattfindet. An dieser Stelle erfolgt nun kurz nachher eine völlige Resorption der Membranen, wodurch ein kleines, 3 bis 4 μ breites Loch entsteht, das von den festen Suturen zwischen den Paracysten- und Fortsatz-Wänden begrenzt ist. Am Besten kann man sich von dem Vorhandensein dieses Loches überzeugen, wenn man an geeigneten Präparaten durch vorsichtiges Drücken auf das Deckglas den halbflüssigen Inhalt der Paracyste in Bewegung bringt. Man sieht dann feinkörniges Protoplasma durch die soeben hergestellte Öffnung in den Fortsatz hinein- und bei Aufhebung des Druckes in die Paracyste zurücktreten.

Ob eine offene Verbindung zwischen den beiden kopulirenden Zellen existirt, ist trotz alledem nicht zu entscheiden, bevor der Zeitpunkt für das Auftreten der von DE BARY gesehenen Scheidewand an der Basis des Schlauches genau ermittelt ist. Die sehr frühzeitige Bildung dieser Scheidewand gelingt es ohne Schwierigkeit zu konstatiren; nähere Details konnten dagegen erst nach Durchmusterung von zahlreichen Präparaten gewonnen werden. Ich fand unter diesen mehrmals einzelne Makrocysten, deren Fortsätze durch die genannte, basale Scheidewand schon abgegrenzt waren, und noch mit ihren unverletzten Spitzen entweder frei hinausragten (Fig. 33, 34), oder doch von den bezüglichen Paracysten durch die vollkommen intakte Membran der letzteren scharf isolirt waren (Fig. 31). Solche Entwickelungsstadien zeigen mit Bestimmtheit, dass jene Scheidewand *vor* der Perforirung der Paracystenmembran gebildet wird und dass somit *eine direkte Mischung, resp. Verschmelzung von Protoplasma-*

theilen der beiden verbundenen Zellen nicht möglich ist. Anders verhält es
sich mit der Frage von einer Diffusion gelöster Substanz durch die Scheidewand hindurch, eine Frage, auf deren nähere Erörterung ich weiter unten
zurückkommen werde.

Ueber den Bau der Scheidewand, die schon kurz nach ihrer Anlegung
doppelt konturirt erscheint, mag noch folgendes bemerkt werden. Noch bevor
sich der Fortsatz gegen die Paracyste geöffnet hat, zeigt sich etwa mitten
auf der Scheidewand an ihrer inneren, der Makrocyste zugewandten Seite ein
kleines, stark lichtbrechendes Körnchen (Fig. 31, 33, 34), das bald an Grösse
merklich zunimmt (Fig. 35); durch Jod färbt sich dieses Körnchen gelb; mit
conc. Kalilauge behandelt, quillt es zu seinem zwei bis dreifachen Volumen
auf, wobei es im Centrum dunkler, wasserreicher erscheint. Es ist in älteren
Entwickelungsstadien gänzlich verschwunden, dafür ist die ganze Scheidewand
stark verdickt und hat ein hellglänzendes Aussehen angenommen. Ueber die
Bedeutung des Körnchens vermag ich nichts sicheres anzugeben; vielleicht ist
es nur eine lokale, sich bald weiter ausdehnende Verdickung der Zellhaut.

Inzwischen haben die paarweise verbundenen Zellen ihre Volumina nicht
unbeträchtlich vergrössert. Zu gleicher Zeit werden sie von zahlreichen Fäden
übersponnen, die aus den darunterliegenden Hyphentheilen entspringen. Um
ihr weiteres Schicksal kennen zu lernen, mussten sie aus den dicht verfloch-
tenen Hüllschläuchen freigelegt werden, was ich am Besten folgendermaassen
erzielte. Der jetzt für das unbewaffnete Auge eben noch sichtbare junge
Fruchtkörper wurde unter Wasser in zwei bis drei ziemlich dicke Längsschnitte
getheilt und, nach Auflegen des Deckglases, durch momentanen Druck auf
demselben zerqwetscht. Wenn man die richtige, experimentell festzustellende
Wassermenge anwendet, gelingt es ziemlich oft einige der betreffenden Zellen,
hin und wieder zumal in sehr vorgeschrittenen Stadien, aus ihrer Umgebung
zu isoliren.

Kurz nach der Umhüllung der Makrocysten treten an verschiedenen
Stellen ihrer Oberfläche dicke, papillöse Ausbuchtungen auf. Sie sind in wech-
selnder Zahl vorhanden, bald vereinzelt, bald in dichtstehenden Bündeln die
ursprüngliche Oberfläche stellenweise ganz verdeckend (Fig. 37), und haben
einen vacuolenfreien, homogenen Inhalt. Die Papillen verlängern sich schnell
zu septirten, protoplasmareichen Fäden, die hin und wieder einfach verbleiben
(Fig. 39, 40), meistens doch reichlich verästelt sind (Fig. 38, 41). Die Makrocysten haben seit der Zeit des Austreibens des Verbindungs-Schlauches ihre
Volumina um das zwei bis dreifache vergrössert; in dem Maasse wie die aus
ihnen stammenden Hyphen heranwachsen, verlieren sie allmählig ihr Proto-

plasma bis sie endlich grosse inhaltsleere Blasen darstellen, an welchen gewöhnlich der erst gebildete, etwas dickhäutige Fortsatz noch deutlich zu erkennen ist. Sie geben dann zu Grunde und zur Zeit der Reife der ersten Ascosporen sind die Makrocysten in dem grossmaschigen Subhymenialgewebe meistens nicht mehr erkennbar.

Es gelingt bisweilen die Wachsthumsrichtung der Hyphen, welche den Makrocysten entstammen, zu bestimmen, besonders wenn sie unverzweigt geblieben sind; man konstatirt alsdann, dass sie früher oder später ihre Spitzen senkrecht gegen das Substrat aufrichten und zwischen die schon gebildeten Paraphysen einwachsen, um somit Bestandtheile des jungen Hymeniums zu bilden. In die Zusammensetzung dieses letzteren gehen andere Elemente als Asci und Paraphysen nicht ein; es fragt sich nun welche die genetischen Beziehungen sind zwischen jenen Elementen einerseits und den aus den Makrocysten auswachsenden Hyphen andererseits.

Es sei zunächst auf die fast unveränderliche absolute Dicke sowohl der Asci als der Paraphysen hingewiesen und zugleich die beträchtliche Differenz zwischen der Dicke eines Ascus und der einer Paraphyse hervorgehoben. — Schon unmittelbar an dem Punkte, wo die Hyphen aus den Makrocysten entspringen, sind sie regelmässig von einer Dicke, welche die der Paraphysen um das drei bis vierfache übertrifft; dagegen sind sie gleich dick oder doch nur unbedeutend dünner als Schläuche, die sich sogleich als junge Asci erkennen lassen. Auch in ihrem weiteren Verlauf sah ich sie niemals in organischer Verbindung mit Hyphen, die bezüglich ihrer Dicke den Paraphysen auch nur annähernd gleichkamen. Die in Fig. 11 gezeichneten Hymeniumtheile sollen die besprochenen relativen Grössenverhältnisse veranschaulichen. Auch der protoplasmatische Inhalt solcher Fäden, deren Ursprung aus einer Makrocyste direkt nachweisbar ist, kann, soweit untersucht, in seinen optischen und chemischen Eigenschaften von dem junger Asci nicht unterschieden werden. Solche bezüglich ihres Ursprungs bekannte Fäden habe ich allerdings nicht bis zu einer in ihnen stattfindenden Sporenbildung verfolgen können; nach dem schon Angeführten wird wohl doch kaum Jemand daran zweifeln, dass eine solche früher oder später in ihnen vor sich geht.

Ich werde demnach die vielbesprochenen Sprossungen der Makrocysten unten *ascogene* Hyphen benennen und für die Makrocysten selbst den Namen *Ascogonen* oder, in Uebereinstimmung mit der durch DE BARY's grundlegende Arbeiten eingeführten und daselbst ausführlich motivirten Bezeichnung, *weibliche Sexualzellen* anwenden. In Anschluss hieran und auf der Konstanz und Regelmässigkeit der beschriebenen Kopulationserscheinungen sowie auf der Unveränderlichkeit im äusseren Aufbau der Paracysten gestützt, sehe ich in diesen letzteren *männliche Sexualzellen, Antheridien.*

Wenn also, wie mir scheint, über die morphologische Bedeutung jener Organe kein Zweifel bestehen kann, so soll doch damit über ihre sexuelle *Funktion* nichts gesagt sein. Um eine Lösung dieser Frage zu suchen, müssen wir auf die jüngeren Entwickelungszustände des Pilzes noch einmal zurückkehren. TULASNE bemerkt (a. a. O.) über den Inhalt des Antheridiums: „au milieu d'eux (des macrocystes) et des mêmes filements naissent aussi des cellules allongées, claviformes, dont le contenu plus pâle offre des vacuoles moins rares". Auch bei meinen Untersuchungen sind mehrmals Antheridien zum Vorschein gekommen, die im Gegensatz zu dem dichten, feinkörnigen Protoplasma des dazugehörenden Ascogons ein in Folge zahlreicher Vacuolen schaumiges Aussehen hatten. (Fig. 32). Antheridien, die sich in diesem schaumigen Zustand befanden, waren nach allen Indicien soeben in offene Verbindung mit dem Fortsatz des Ascogons·getreten. In späteren Entwickelungszuständen und in der weitaus überwiegenden Mehrzahl der überhaupt beobachteten Fälle zeigten dagegen die Antheridien kein von dem Ascogon besonders abweichendes Aussehen; sein Protoplasma war wieder gleichförmig, feinkörnig geworden. Mit zunehmendem Alter verschwindet der Inhalt im Antheridium eben so wie im Ascogon allmählig; in der Zeit wo die ascogenen Fäden auswachsen und noch viel später ist jedoch reichliches Protoplasma im Antheridium vorhanden. (Fig. 12).

Das specifische Verhalten der Antheridien kurz nach der Herstellung der charakteristischen Verbindung mit dem Ascogon, deutet zweifelsohne auf gerade zu dieser Zeit sich abspielende, schnell vorübergehende Umlagerungen in ihrem Protoplasma hin. Die gleichen Strukturverhältnisse des Protoplasmas wie im Antheridium finden sich auch in dem hakenförmigen Fortsatze des Ascogons und zeigen, dass auch dieses Organ den Veränderungen im Antheridium nicht fremd bleibt. Ob die oben beschriebenen Verdickungs-Vorgänge an der basalen Scheidewand des Fortsatzes mit ihnen in causalem Zusammenhange stehen oder nur coincidiren ist nicht zu entscheiden.

Erwähnenswerth ist vielleicht bei dieser Gelegenheit noch die äussere Ähnlichkeit jener verdickten, stark lichtbrechenden Scheidewand mit anderen, geschlossen bleibenden Membranen, durch welche nach allen Indicien eine befruchtende Substanz thatsächlich übertritt. Vor allem wird man hier an die Querwände in der Trichogyne der Collemaceen denken.

Wenn wir uns nun innerhalb der reichgegliederten Gruppe der Ascomyceten nach Formen umsehen, die bezüglich der Anlegung und Entwickelung ihres Fruchtkörpers sich unserem *Pyronema* 'am nächsten anschliessen, so werden wir, wenn von *Peziza granulata* und anderen noch sehr unvollständig bekannten Arten abgesehen wird, unzweifelhaft eben bei den von STAHL[1] untersuchten Collemaceen die grösste entwickelungsgeschichtliche Uebereinstimmung finden. Das weibliche Sexualorgan, das Carpogon, ist hier in zwei durch ihre physiologischen Leistungen scharf' unterschiedene Theile differenzirt: die *Trichogyne* mit ihrer Conceptionszelle nimmt die befruchtende Einwirkung der Spermatien auf und führt sie auf das *Ascogon* über, das seinerseits, hierdurch angeregt, mittelbar die Sporen bildet.

Denken wir uns das Carpogon einer Collemacee ohne Aufgebung seiner wesentlichen Bestandtheile, des Conceptionsapparates und des Ascogons, in eine möglichst einfache Form reducirt, so erhalten wir einen Typus, der nur in seinen speciellen Grössen- und Formverhältnissen von dem Ascogon mit seinem Fortsatze bei *Pyronema confluens* abweicht. In beiden Fällen ist der weibliche Geschlechtsapparat in zwei Haupttheile gegliedert: der erste vermittelt die eventuelle Befruchtung und geht später ohne weitere Wachsthumsveränderungen zu Grunde, der zweite leitet nachher die Ascus- und Sporenbildung ein. Die Uebereinstimmung wird nicht im Geringsten dadurch vermindert, dass bei *Pyronema* mehrere Ascogonen im Aufbau des Fruchtkörpers theilnehmen, da ähnliches auch für eine Collemacee, *Physma compactum*, bekannt ist.

Auffallend ist dagegen die ungleiche Ausbildung des männlichen Elementes; zwischen der einfachen Antheridienzelle des Pyronema und den komplicirt gebauten Spermogoniengehäusen der Collemaceen liegt eine Kluft, zu deren Ausfüllung zur Zeit keine vermittelnde Zwischenstufen bekannt sind. Es hat jedoch DE BARY[2] darauf hingewiesen, dass dieser „einfach als Erscheinungen der Geschlechtertrennung" aufzufassenden Gestaltung der männlichen Organe einen entscheidenden Werth bei Aufsuchung natürlicher Verwandtschaften innerhalb grösseren Formenkreise nicht zuzusprechen ist. Die Differenzen im Aufbau der Sexualorgane scheinen mir daher nicht von so durchgreifender Art zu sein, dass aus ihnen Bedenklichkeiten erwachsen könnten gegen die Annahme, dass diese Organe einander homolog sind. Noch weniger sind in der späteren Entwickelungsgeschichte derselben Momente zu finden, die einer solchen Auffassung entschieden widersprechen würden. Da nun nach den von STAHL erhaltenen Resultaten darüber kaum ein Zweifel bestehen kann,

---

[1] STAHL: Beiträge zur Entwickelungsgeschichte der Flechten. 1 Heft.
[2] DE BARY: Beiträge IV pag. 113.

dass die Geschlechtsorgane der Collemaceen auch physiologisch als solche
funktioniren, so wird dadurch die Vermuthung noch an Wahrscheinlichkeit
gewinnen, dass die Sache sich bei dem verwandten *Pyronema confluens* ebenso
verhält.

Eine durch den Fortsatz vermittelte, befruchtende Einwirkung des Antheridiums auf dem Ascogon durch Ausscheidung minimaler, optisch nicht nach-
weisbaren Mengen männlicher Substanz ist also eine Annahme, die nicht nur
möglich ist, sondern auch im vollkommenen Einklange steht mit allen bekannten Einzelheiten in der Entwickelungsgeschichte und in den Verwandtschafts-
verhältnissen unseres Pilzes.

So berechtigt die Annahme einer sexuellen Funktion bei *Pyronema*, nach
dem oben Gesagten scheinen mag, so muss jedoch daran festgehalten werden,
dass sie eben nicht mehr als eine Hypothese ist. Die von DE BARY[1] und
STRASBURGER[2] gemachten Erfahrungen über apogame Pflanzenformen zeigen
wie wenig konstant die Geschlechtsorgane in ihrer physiologischen Funktion,
auch innerhalb eng begrenzter, natürlicher Gruppen sein können und wie
Analogie-Schlüsse in dieser oder jener Richtung daher unsicher werden.

Eine sichere Entscheidung der Frage ist demzufolge zur Zeit nicht möglich. Auch von künftigen Untersuchungen ist in Hinsicht dessen kaum viel
zu erwarten. Denn erstens fehlen die nöthigen Voraussetzungen für eine
experimentelle Behandlung der Fruchtanlagen zum Zweck des willkürlichen
Unterdrückens des männlichen Elementes ohne Beschädigung der Ascogonen;
die aus den Beobachtungen über diöcische Formen, resp. mangelhafte Ausbildung der Spermogonien abgeleiteten Beweise für die Gültigkeit der Befruch-
tungstheorie bei den Collemaceen können somit im vorliegenden Falle nicht
vorgebracht werden. — Auch auf dem Wege direkter Beobachtung ist, wie
ich glaube, nicht viel zu gewinnen. Ob in den Geschlechtszellen Kerne vorkommen habe ich nicht untersucht; in ihnen sich vollziehende Erscheinungen
von für unsere Fragestellung maassgebender Bedeutung wären wohl doch auch
in günstigem Falle schwerlich nachweisbar.

————————

Unter den wenigen Discomyceten, deren Entwickelungsgeschichten in ihren
Hauptzügen sicher bekannt sind, hat *Ascobolus furfuraceus*[3] ein durch Form

---

[1] DE BARY: Über apogame Farne und die Erscheinung der Apogamie im Allgemeinen, Bot.
Ztg. 1878; Beiträge IV; vergl. auch; A. BRAUN: Über Parthenogenesis bei Pflanzen in Abh. d. Berl.
Akad. 1856. S. 337.
[2] STRASBURGER: Über Befruchtung und Zelltheilung 1878. S. 88.
[3] JANCZEWSKI: Über Ascobolus furfuraceus Bot. Ztg. 1871. S. 257.

und Grösse ausgezeichnetes Ascogon. Dagegen ist der s. g. Antheridienzweig (das „Pollinodium") hier von den gewöhnlichen sterilen Mycelzwei-
gen nicht verschiedentlich gestaltet und eine sexuelle Funktion desselben ist
noch weniger als für *Pyronema* nachgewiesen. Eine genaue Nachunter-
suchung wird vielleicht hier ein ähnliches Verhältniss wie bei *Melanospora
parasitica* konstatiren. Jedenfalls macht sich eine vegetative Rückbildung des
männlichen Organes hier deutlich merkbar. — Die Anlegung des Fruchtkörpers bei *Ascobolus pulcherrimus*[1] und, nach JANCZEWSKI's Andeutungen[2]
vielleicht auch bei anderen Ascoboli, stimmt, soweit unsere lückenhaften
Kenntnisse reichen, mit dem für *Asc. furfuraceus* bekannten Typus nahe
überein.

Nach den neulich veröffentlichten Untersuchungen MATTIROLO's[3], die sich
den älteren von BREFELD[4] berichtigend und vervollständigend anschliessen, ist
die Rückbildung bei *Peziza sclerotiorum* noch weiter geschritten, indem hier
auch das weibliche Organ nicht mehr nachweisbar ist. Zwar ist in dem
Fruchtbecher vom ersten Moment seiner Anlegung an ein reproductives und
ein rein vegetatives Hyphensystem scharf zu unterscheiden; jenes ist aber
nicht auf ein Ascogon zurückzuführen, und die Paraphysen entspringen denselben Fadenelementen der Cupula, von welchen auch die Asci ihren Ursprung
nehmen.

Bei den übrigen hier anzuziehenden Formen: *Peziza scutellata* L. und
P. granulata Bull.[5], *P. melanoloma* Alb. & Schw.[6] u. s. w. sind die Angaben
zu unvollständig, um ein begründetes Urtheil über die Bedeutung der betreffenden Organe zu gestatten. Aus den erörterten Thatsachen ergiebt sich
jedoch so viel mit Sicherheit, dass unter den Discomyceten Formen vorkommen, die sich nach dem Verhalten der Sexualorgane in eine regressiv fort-
schreitende Reihe einordnen lassen. Mit der, wenn man will, nur morphologisch, scharf ausgeprägten geschlechtlichen Differenzirung des *Pyronema confluens* beginnend setzt sie sich mit dem vielleicht als parthenogenetisch zu
bezeichnenden *Ascobolus furfuraceus* fort, um bei *Peziza sclerotiorum* in einer
rein vegetativen Erzeugung der Asci zu endigen.

---

[1] WORONIN: Zur Entwickelungsgeschichte des *Ascobolus pulcherrimus* Cr. und einiger *Pezizen.*
Abh. der Senckenberg'schen Ges. Bd. V. S. 333.
[2] JANCZEWSKI: a. a. O. S. 277.
[3] MATTIROLO: Sullo sviluppo e sullo sclerozio della *Peziza sclerotiorum Lib.* Nuovo Giorn. bot.
ital. Vol. XIV, N:o 3.
[4] BREFELD: Bot. Unters. über Schimmelpilze IV.
[5] WORONIN: a. a. O. S. 337.
[6] TULASNE: Ann. d. Sc. nat. V:e sér. T. VI.

Es ist einleuchtend, dass eine Feststellung der gegenseitigen, verwandtschaftlichen Beziehungen der betreffenden Formen durch die Aufstellung dieser Reihe nicht beansprucht wird. Mit derselben soll nur ausgedrückt werden, dass innerhalb der ohne Zweifel als natürliche Gruppe aufzufassenden Discomyceten eine Differenzirung von Sexualitet zu völliger Apogomie stattgefunden hat. Die vorläufige Anknüpfung der Collemaceen an *Pyronema confluens* wurde schon oben motivirt. In wie weit die übrigen Licheren sich den Collemaceen anschliessen werden haben künftige Untersuchungen zu entscheiden.

Erklärung der Tafeln.

Die Figuren sind mit Hülfe einer Nachet'schen Camera entworfen; Fig. 1 ist in natürlicher Grösse, Fig. 2—25 bei 980, Fig. 26 bei 325, Fig. 27 u. 28 bei 150, Fig. 29 bei 85, Fig. 30 u. 40 bei 670, Fig. 31—39 u. 41 bei 565 facher Vergrösserung gezeichnet. Bei der lithografischen Ausführung der Originalzeichnungen wurden Fig. 9, 12—25, 30 u. 40 um die Hälfte, Fig. 31—39 um etwa ein Drittel vermindert.

Taf. I.

Melanospora parasitica.

Fig. 1. Ein von *Isaria farinosa* überwucherter Mehlwurm, an welchem sich *Melanospora* angesiedelt hat.

Fig. 2. a, Reife Ascosporen; b, gekeimte Ascosporen, 4 Tage nach Aussaat.

Fig. 3 und 4. Durch Resorption der Membranen sind die primären Keimschläuche zweier Ascosporen mit einander in offene Verbindung getreten; nach Verwachsung eines der vier Keimschläuche mit einem *Isaria*-Zweig, a, wachsen deren ein oder zwei weiter aus.

Fig. 5. Gruppe von keimenden Ascosporen; a, Hyphen von *Isaria farinosa;* an den isolirt liegenden Sporen bei b sind nur die primären Keimschläuche entwickelt.

Fig. 6. Keimende Ascosporen; a, Hyphen von *Isaria farinosa.*

Fig. 7. Successive Entwickelungsstadien einer keimenden Ascospore und des zugehörigen *Isaria*-Zweiges;

a, 22 Jan. 4 Uhr Nachm.

b, 23 Jan. 10 Uhr Vorm.

c, 24 Jan. 9 Uhr Vorm.

d. 25 Jan. 9 Uhr Vorm.

e, 27 Jan. 10 Uhr Vorm.; bei i eine gekeimte Conidie von *I. farinosa.*

Fig. 8. Mycelstück mit Nahrungsästen; a, Hyphen von *Isaria.*

Fig. 9. Mycelstück mit Ascogon und Conidienträger; a, Conidien.

6

Fig. 10. Gekeimte Conidie mit Theilen des ausgewachsenen Mycels; a, *Isaria*-Zweige;
b, Nahrungsäste; c, Conidienträger mit abgefallenen Conidien; ein zwischenliegendes
Mycelstück ist ausgelassen und durch eine punktirte Linie ersetzt.

Fig. 11. Keimende Conidien; a, *Isaria*-Zweig; b, keimende Conidien von *Isaria*.

Fig. 12 u. 13. Junge Ascogonen.

Fig. 14—18. Ascogonen, von dem ersten Hüllschlauche umwachsen.

Fig. 19. Älteres Ascogon.

Taf. II.

Melanospora parasitica.

Fig. 20 u. 21. Ascogonen mit drei, resp. zwei gleichzeitig auswachsenden Hüllschläuchen.

Fig. 22. Älteres Ascogon, die Einhüllung weiter fortgeschritten.

Fig. 23. Optischer Längsschnitt einer jungen Perithecienanlage; das Ascogon und ein Stück
seines Tragfadens sichtbar; a, die ascogene Zelle.

Fig. 24. Junge Fruchtanlage in optischem Längsschnitt; das Ascogon ist nur in seiner
Spitze schraubig eingerollt; a, die ascogene Zelle.

Fig. 25. Optischer Längsschnitt einer etwas älteren Fruchtanlage; a, das ascogene Gewebe; in dem desorganisirten Basalstück, b, des Ascogons sind die Qverwände verschwunden. [1]

Fig. 26. Längsschnitt einer fast ausgewachsenen Fruchtanlage; a, das ascogene Gewebe;
b, das deformirte Basalstück des Ascogons, das durch die reichliche Neubildung in
den benachbarten Zellschichten nach aussen gedrängt wird.

Fig. 27. Längsschnitt eines reifenden Peritheciums; a, das ascogene Gewebe, in welchem
die Sporenbildung schon angefangen hat; von dem Hals, b, ist nur ein kleines Stück
gezeichnet.

Fig. 28. Qverschnitt eines reifenden Peritheciums; a, das ascogene Gewebe mit den
Sporen.

Fig. 29. Reifes Perithecium; der den Hals durchsetzende Kanal ist von Sporen gefüllt
und daher dunkel markirt; a, ausgeleerte Sporen.

Pyronema confluens.

Fig. 30. Junge Fruchtanlage; die Differenzirung der Sexualzellen noch nicht beendigt;
a, Antheridien; b, Ascogonen; c, ein bei der Präparation zerdrücktes Ascogon.

Fig. 31. Umrisse zweier Zellenpaaren; der Fortsatz am linken Ascogon ist noch nicht
mit dem Antheridium in offene Verbindung getreten.

Fig. 32. Ein Zellenpaar kurz nach der Perforirung der Antheridienwand. Das schaumige
Aussehen des Protoplasma im Antheridium streckt sich bis in den Fortsatz hinein.

Fig. 33 u. 34. Der Fortsatz des Ascogons im Profilansicht, frei hinausragend; die basale
Scheidewand schon vorhanden.

---

[1] Der Zelleinhalt des Hüllgewebes ist in den Fig. 23, 24 u. 25 nicht gezeichnet.

Fig. 35 u. 36. Die basale Scheidewand des Ascogonfortsatzes in späteren Stadien.

Fig. 37. Zwei Ascogonen mit angehender Hyphensprossung und mit einem Doppelantheridium verbunden; die beiden Antheridien, a, sind Äste desselben Hauptsprosses.

Fig. 38. Sexualorgane; die ascogene Fäden verzweigt.

Fig. 39. Contouren von einem Ascogon mit Antheridium, in ihrer Stellung zu einander in Folge seitlicher Verwachsung unverändert; die ascogene Fäden unverzweigt; a, sterile Hyphen.

Fig. 40. Altes Ascogon mit Sprossungen; a, der Fortsatz; b, junger Ascus, c, Paraphyse, die beiden letzteren mit dem Ascogon nicht in genetischem Zusammenhang.

Fig. 41. Ältere Sexualorgane mit reichlich verzweigten, ascogenen Fäden.

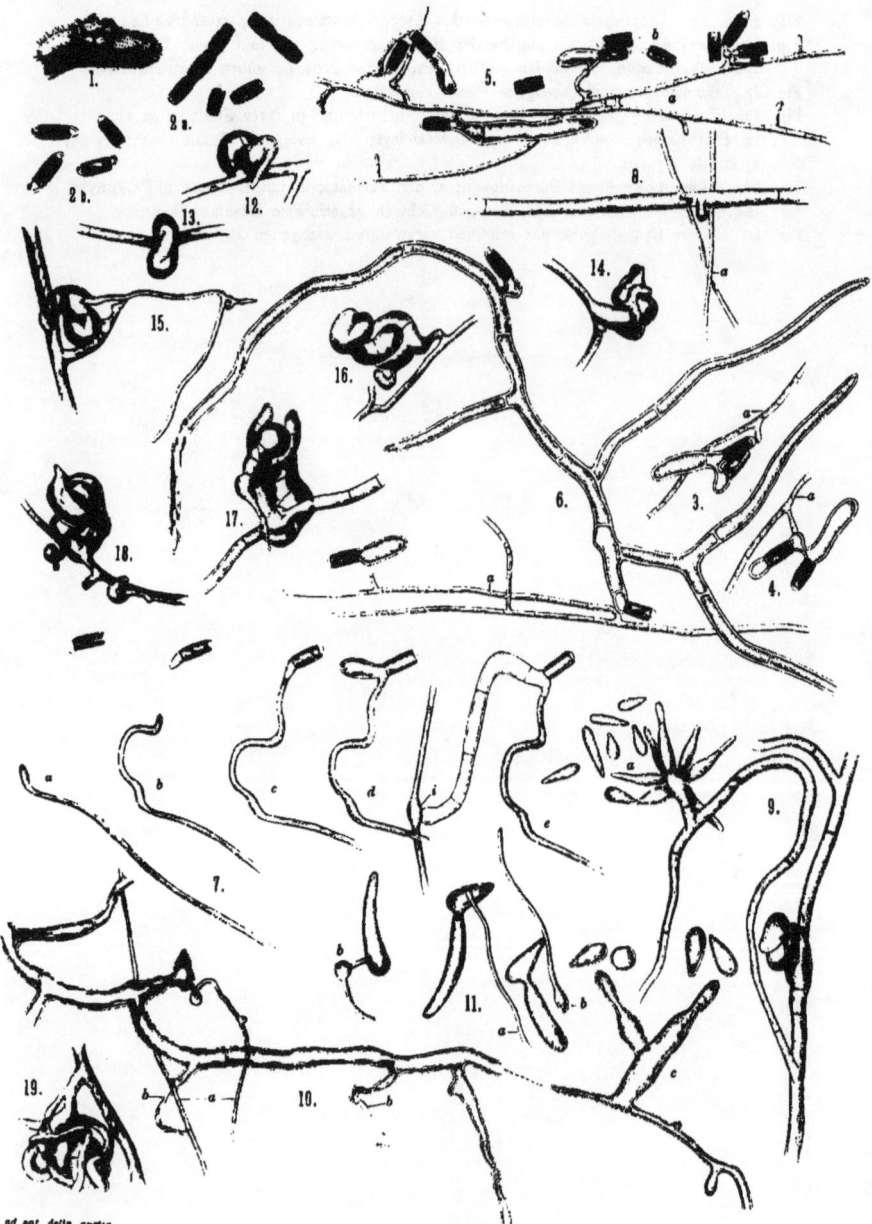

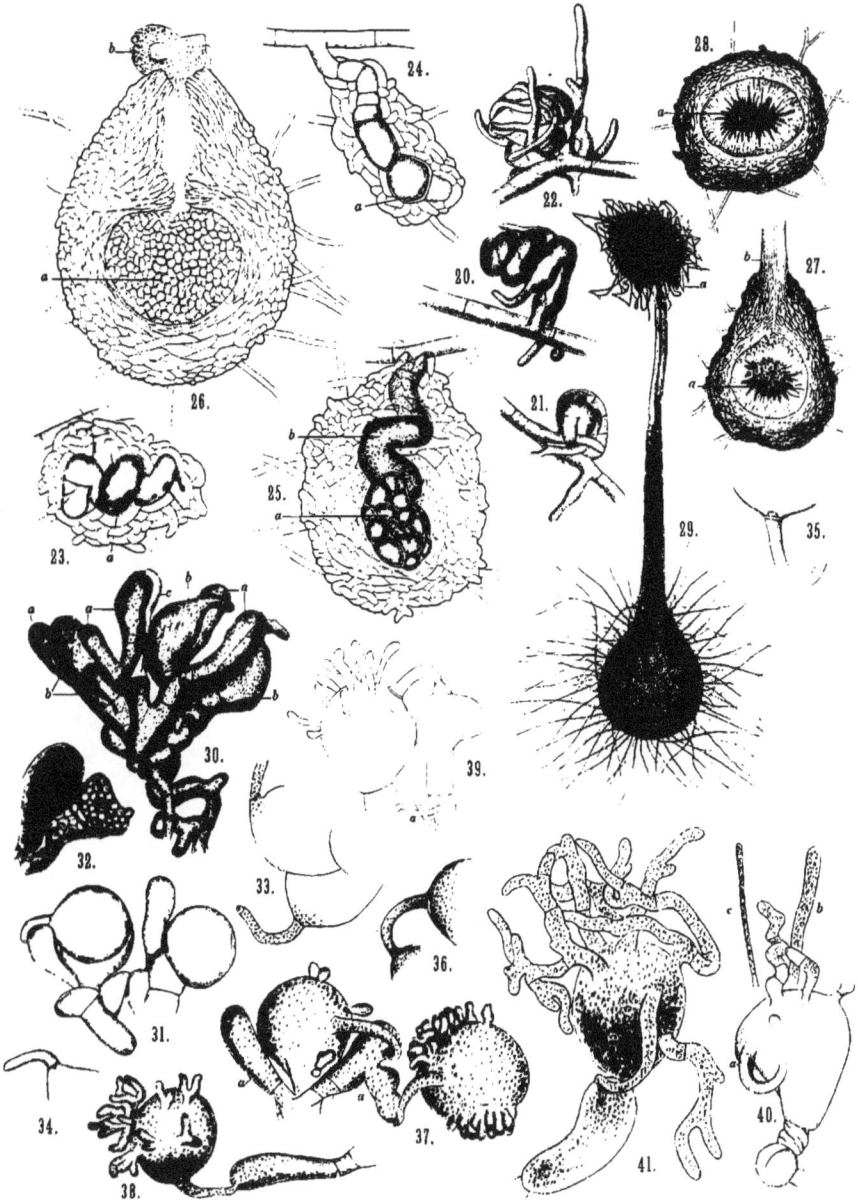

www.ingramcontent.com/pod-product-compliance
Lightning Source LLC
Chambersburg PA
CBHW022029190326
41519CB00010B/1643